기계공작법

이상우 저

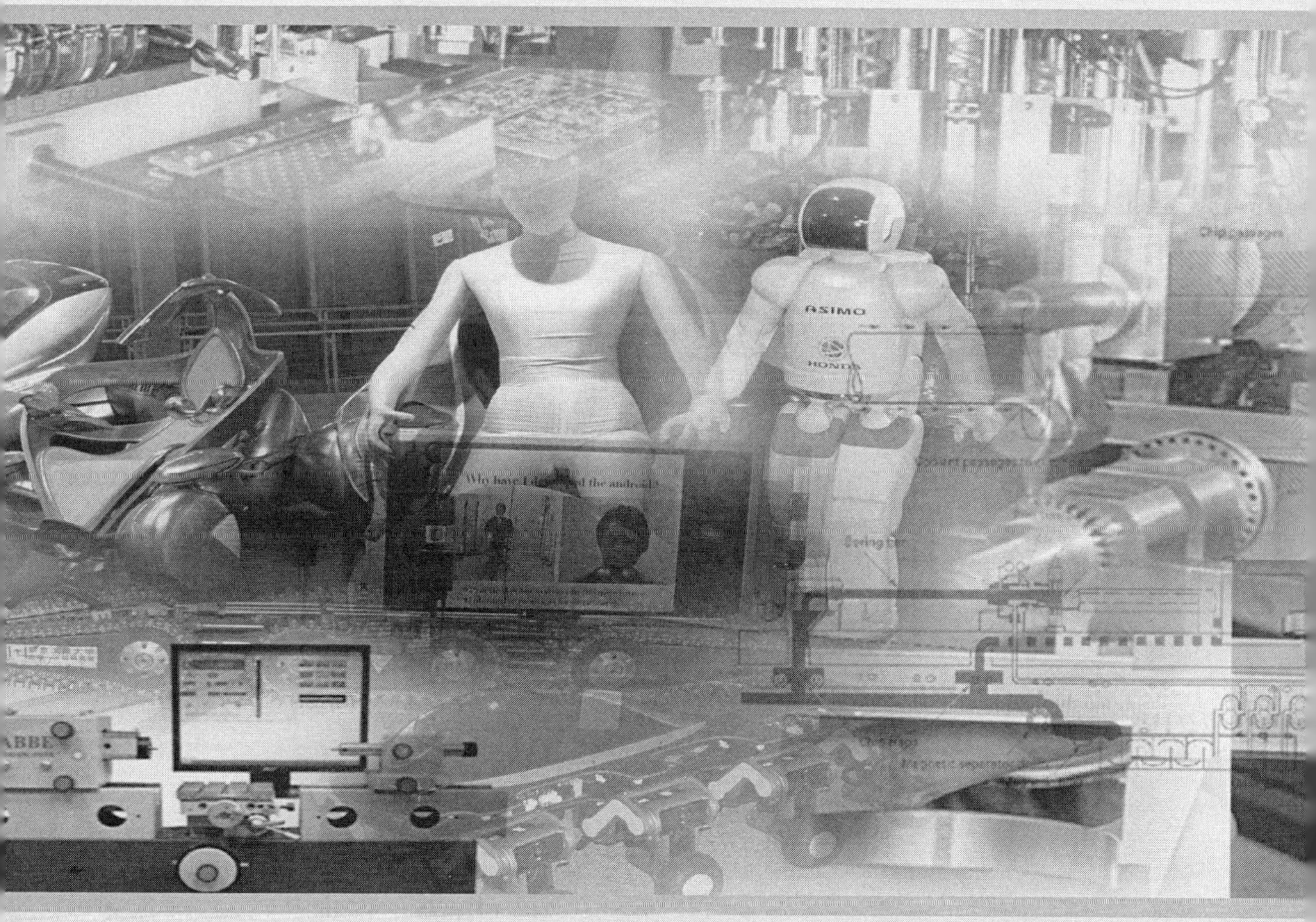

pnc
publishing and culture
피앤씨미디어

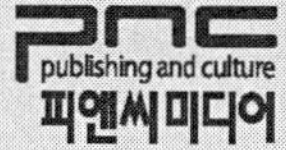

머 리 말

"로봇(robot)"이란 말은 오늘을 살아가는 우리에게는 매우 친숙한 단어이다. 1970년대 중반부터 급속히 발달한 전자공업과 마이크로컴퓨터(microcomputer)의 눈부신 발전과 함께 로봇에 대한 연구 또한 활발하게 이루어지고 있어 현재는 보다 많은 분야에서 실용화되고 있으며, 특히 산업용 로봇(industrial robot)은 인간의 작업을 대체한지 이미 오래 되었고 인간을 돕는 역할은 더욱 증대될 것이다.

특히 자동차의 생산 라인(production line)에서는 조립, 용접, 도색, 운반 등에 이르기까지 로봇의 활약으로 높은 생산성 향상과 함께 사람이 할 수 없는 수준의 고정밀 공정을 수행하면서 품질 수준을 혁신적으로 높이는데 필수 요소가 되고 있다.

기계공작법(manufacturing precess)은 가공 가능한 다양한 재료를 가공하여 로봇 등 자동화 장치의 부품은 물론 인류의 생활에 편리하고 유용한 형태나 상태로 변화시키는 기계, 기구, 장치, 제품 등을 연구하는 분야로서 주로 기계적 방법으로 가공 제작하는 일련의 과정을 다룬다.

그러나 기계는 그 종류도 다양하고 새로운 기계가 계속 출현하여 모든 기계를 이해하고 사용한다는 것은 물리적인 한계가 있으며, 더욱이 현대는 "전용기 시대"라고 표현할 수 있을 정도로 전용기가 지속적으로 개발되고 전문화 되어가고 있으나 공작기계에 이용되는 가공 원리 및 가공 방법은 기본적으로 동일하다고 볼 수 있다.

절삭가공(cutting)이란 절삭공구(cutting tool)와 공작물의 상대적 운동을 이용하여 칩(chip)을 발생시키면서 불필요한 부분을 제거하여 필요한 제품의 형상으로 만드는 방법이며, 절삭가공에 사용되는 다양한 기계를 공작기계라 한다.

비절삭 가공이란 칩을 발생시키지 않고 필요한 제품의 형상을 만드는 방법을 말하는데 주조, 소성가공 등이 비절삭 분야에 속하며, 비절삭 방식으로 가공되는 기계를 금속 가공 기계라 한다.

로봇 부품(robot parts), 자동화 장치 부품 및 기계 장치 부품 등 사용목적에 따라 치수, 형상 등이 제작도에서 요구하는 대로 가공이 되어져야 한다. 정밀 측정(precision measurement)이란 기계가공 또는 기타 특수가공으로 가공된 다양한 장치 부품들의 치수, 각도, 형상, 표면 거칠기(surface roughness) 등에 대해 기준량과의 비교차를 측정기를 통해 측정하고 나타내는 것이다.

본 교재는 로봇기초공학, 기계공작법, 정밀측정의 이론 수업용으로 교재로 구성하였으며, 기계가공법과 정밀측정에 중점을 두어 기술하였다. 또한 단원평가는 생략하여 수업담당교수님의 평가 권한에 의뢰하고자 하였으며, 기계시스템 관련 학과는 물론 메카트로닉스(mechatronics)학과와 로봇자동화(robot automation)학과의 기계공작법 관련 이론 강의용 교재를 목표로 집필하였다.

끝으로, 집필하면서 참고했던 많은 문헌의 저자님들께 감사의 마음을 전해드리며, 원고가 교재로 출판될 수 있도록 노고를 아끼지 않고 지원해주신 피앤씨미디어 관계자 여러분께 깊은 감사를 드립니다.

저자 이상우

차 례

제1장 로봇공학의 개요

제2장 기계공작법 개요

제3장 선 반

제4장 밀링 머신

제5장 연삭기

제6장 드릴링 및 보링 머신

제7장 정밀 입자 가공

제8장 기타 기계 가공

제1장 로봇공학의 개요

"로봇(robot)"이란 말은 오늘을 살아가는 우리에게는 매우 친숙한 단어이다. 1970년대 중반부터 급속히 발달한 전자공업과 마이크로컴퓨터(microcomputer)의 눈부신 발전과 함께 로봇에 대한 연구 또한 활발하게 이루어지고 있어 현재는 보다 많은 분야에서 실용화되고 있으며, 특히 산업용 로봇(industrial robot)은 인간의 작업을 대체한지 이미 오래 되고 정착 되었다.

특히 자동차의 생산 라인에서는 조립, 용접, 도색, 운반 등에 이르기까지 로봇의 활약으로 높은 생산성 향상과 함께 사람이 할 수 없는 수준의 고정밀 공정을 수행하면서 품질 수준을 혁신적으로 높이는데 필수 요소가 되고 있다.

인간형 로봇은 아직까지는 연구용의 범주를 벗어나지 못하고 있는 실정이지만, 머지 않은 장래에 인간을 대신하여 극한의 작업을 수행할 수 있는 휴머노이드(humanoid) 로봇이 실용화 될 것으로 보인다. 현대의 대표적인 인간형 로봇을 꼽아본다면, 우리나라의 휴보(Hubo)는 큰 키와 파워를 자랑하고 있으며, 일본의 아시모(ASIMO)는 비교적 긴 시간동안 활동할 수 있는 엔터테인먼트 로봇이며, 이시구로 박사의 로봇은 사진에 나타낸 것처럼 사람의 실제 모습과 근접하게 제작되고 특히 피부의 감각을 높여 반응하도록 제작된 로봇이며, 미국 MIT의 키스멧(Kismet)은 주위 환경변화에 따라 감정을 얼굴 표정으로 표현하는 로봇이다.

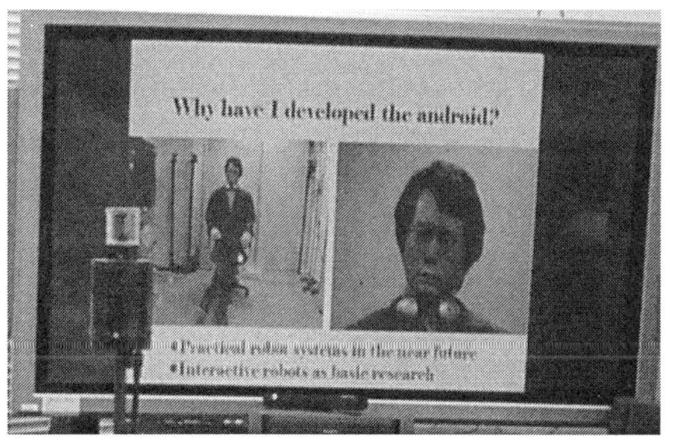

그림 1.1 인간의 외모를 가장 닮은 휴머노이드

아직까지는 휴머노이드 로봇이 완전하게 인간을 대신하지는 못하고 있는 수준이지만, 인간을 부분적으로 도울 수 있는, 아래의 사진처럼 인간의 팔이나 다리를 보조하거나 대신하는 장애자 보조용 로봇, 인간의 오감을 대신하는 로봇 등은 부분적으로 실용화 되어가고 있는 단계이다.

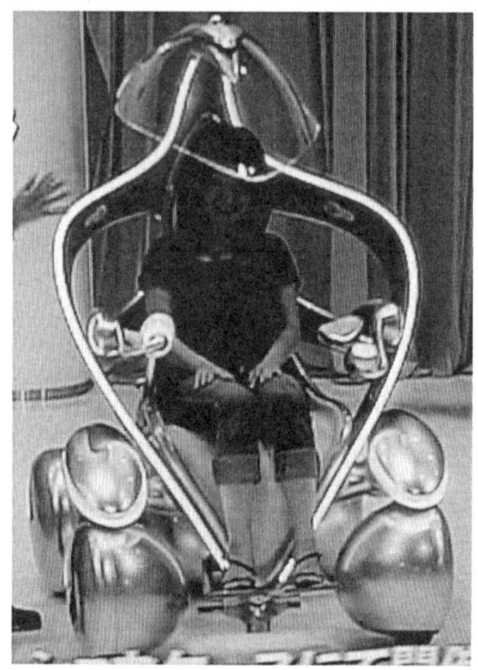

그림 1.2 장애 보조 로봇(i-foot & i-unit)

1.1 로봇의 정의

1) 로봇의 어원

"로봇"의 어원은 체코슬로바키아어 "강제노동 또는 노예"를 뜻하는 "Robota"에서 그 어원을 찾을 수 있으며, 1921년 극작가 카렐 차펙(Karel Capek)이 그의 풍자적인 희곡 RUR(Rossum's Universal Robots)에서 처음 사용하면서 전파 되었다.

1942년 러시아 태생 미국인 과학자 겸 작가인 아이작 아시모프(Isaac Asimov)는 "Run around"라는 그의 작품에서 로봇이 지켜야할 3가지 규칙 즉, "로봇의 윤리헌장"을 언급하였는데 그 의미와 시사점이 크므로 소개하고자 한다.

제1원칙 : 로봇은 인간을 해쳐서는 안 되며 위험에 처해있는 인간을 방관해서도 안된다.
제2원칙 : 로봇은 제1원칙에 위배되지 않는 한 인간의 명령에 복종하여야 한다.
제3원칙 : 로봇은 상위 원칙에 위배되지 않는 한 자기 자신을 보호해야 한다.

이 3원칙에 의해서 로봇이 비로소 자립성을 갖게 되었으며, 과학자나 엔지니어들에게도 이 원칙은 유념해야 될 기본사항이 되었다.

2) 로봇의 정의

"로봇"의 명확한 정의는 존재하기 어려우며, 사람을 대신하거나 모방하는 존재로서 하나 이상의 존재에 대해 독립적으로 이용되고 있기 때문이다. 산업용 로봇 등 특정 분야나 국가에서는 명화하게 정의 내리는 경우도 있어 다음에 몇 가지 정의를 기술하였다.

"자동제어에 의한 조작기능 또는 이동기능을 갖고 다양한 작업을 프로그래밍 방식으로 수행 할 수 있는 산업에 사용되는 기계" - JIS(산업용 로봇 정의)
"움직이는 모든 것"
"지능을 가진 동작과 힘"
"인간과 작업 및 환경을 연결하는 메카트로닉 인터페이스(mechatronics interface)"
"사람의 모습을 본떠 만들어진 존재나 행동을 모방하여 만들어진 기계나 자동화 장치" - 사전적 의미

전체적으로 산업용 로봇(industrial robot)이란 "부품, 재료, 기구 등을 다루기 위해 고안된 재 프로그래밍이 가능한 기계적인 장치"로 정의할 수 있으며, 지능형 로봇이란 "외부 환경을 인식(perception)하고 스스로 상황을 판단(cognition)하여 자율적(self-regulation)으로 동작(manipulation)하는 장치"로 정의할 수 있다.

3) 로봇의 역사

로봇이란 용어의 사용 유래, 현재까지 진행된 로봇의 역사를 표로 정리하였다.

[표 1.1] 로봇의 역사

년도	로봇의 역사
1921	체코의 희곡 작가 카렐 차펙(Karel Capek)의 "로섬의 유니버셜 로봇"에서 "로봇"이라는 용어 등장 어원 : 로보타(robota ; 노동, 노역, 노예)
1940	Oak Ridge와 Argonne National Laboratory에서 방사능 처리를 위한 master-slave형 로봇 개발
1941	SF작가 아이작 아시모프가 최초로 로보틱스(robotics ; 로봇공학) 용어 사용
1942	아시모프 "로보틱스의 3원칙" 발표
1950	George C. Devol은 프로그래밍에 의해 운전되는 매니플레이터(manipulator) 개발
1952	NC machine 개발(MIT)
1955	Denavit-Hartenberg 동차변환(homogeneous transformation) 사용
1956	George Devol & Joseph Engelberger에 의해 최초의 로봇회사인 Unimation 설립
1959	미국의 Joseph Engelberger에 의해 최초의 산업용 로봇 Unimate 개발
1960	H.A. Ernst의 MHT는 감각 센서에서 얻은 정보를 feedback 시킴으로써 operator의 도움 없이 로봇 작업 가능
1961	GM 뉴저지 공장 자동차 생산라인에 최초의 산업용 로봇 Unimate 배치
1963	최초의 인공 팔(robot arm) 설계
1967	Unimation사의 Mark II 개발
1968	지능형 로봇 Shakey(SRI) 등장(Standford research institute international)
1969	최초의 로봇 팔 스탠퍼드 암(Stanford Arm) 제작(빅터 샤인먼 교수)
1970	시퀀스 제어(sequence control)에서 마이크로프로세서 제어(microprocessor control) 시스템을 사용하여 보다 전문화 되고 제어 가능한 로봇의 출현
현대	산업용, 군사용, CNC-machine, 드론(drone), 공연용 및 가사 로봇 등 실용화 단계

1.2 로봇의 활용 분야

실제 로봇의 활용은 초인간적인 능력을 가지거나, 사람의 접근이 어려운 험지에서의 극한 작업, 지루한 반복 작업 등에 적합하도록 고안되었으며, 그 응용 분야는 광범위하므로 아래의 표에 활용 분야별로 요약하였다.

[표 1.2] 로봇의 활용 분야

구분	활용 분야	로봇의 분류
산업용	제조업 분야	산업용 로봇(직교, 다관절, 스카라 로봇 등)
	현장 활용 분야	의료용 구조용 군사용 농업용 건설용 우주용 원자력용 수중용(담수용, 해수용) 등
인간 공존형	퍼스널 분야	장애인용 착용용(wearable) 청소용 경기용(battle) 교육용 완구용(애완용) 등
	공공 활용 분야	안내용 경비용 공연용(entertainment) 등

* 로봇 활용구분을 [제조업용] : [비제조업용]으로 구분하기도 한다.

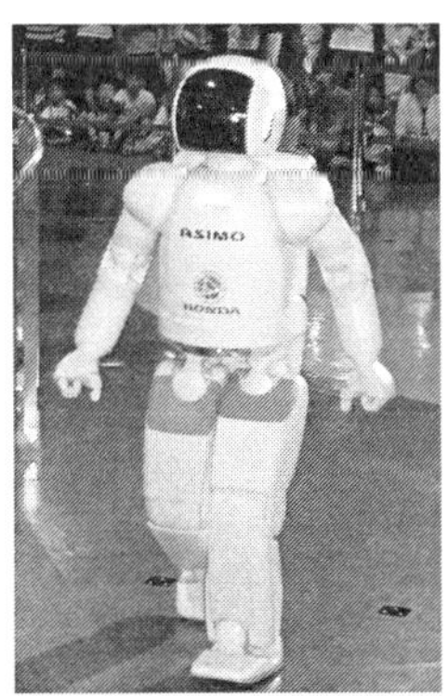

그림 1.3 공연용 휴머노이드 로봇

(1) 산업용 로봇(industrial robot)

산업용 로봇(industrial robot)은 자동차 조립라인에 가장 먼저 실용화 되었으며, 현대는 다양한 분야로 그 영역을 거의 무한대로 넓혀가고 있다.

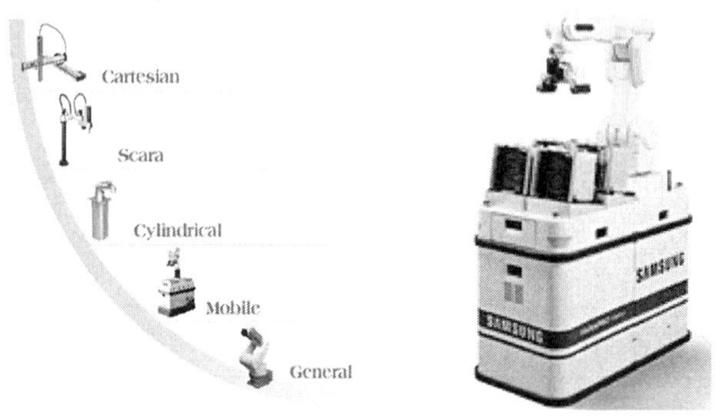

그림 1.4 산업용 로봇

1) 용접 로봇

용접작업은 노동 집약적이고 작업환경이 열악하고 위험하므로 현재 단일 용도로는 용접로봇이 가장 많이 사용되고 있다. 자동차 산업 등 그 활용분야가 매우 넓으며, 스폿(spot) 용접, 아크(arc) 용접, 레이저(laser) 용접 등에 활용된다.

2) 조립 로봇

단품 조립용에서 현재는 다품을 동시에 조립할 수 있는 분야에 대해 연구개발이 활발하게 이루어지고 있으며, 특히 여러 대의 로봇이 상호 협조적으로 조립을 함으로써 작업효율을 향상시키고자 하고 있다.

3) 도장 로봇

자동차, 선박, 가전제품 등의 페인팅 작업에 주로 사용되며, 사람보다 더 균일하고 정교하게 도장작업을 할 수 있어 재료의 낭비를 줄이고 유해 가스에 인간이 노출되는 것을 막아준다.

4) 검사 로봇

센서(sensor) 기술의 발달로 인간의 감각을 훨씬 뛰어넘는 고성능의 검사장비가 활용되고 있으며, 카메라, 초음파, 레이저, 자기센서 등 그 분야가 더욱 확대될 전망이다.

5) 이송 로봇

이송로봇은 우선 컨베이어 벨트와 같이 단순 반복적인 이동 작업을 떠올릴 수 있으나 현대에는 이송로봇에도 위치 결정 기술과 지능형 제어를 접목하여 보다 원거리 또는 다양한 이송작업을 돕고 있다.

6) 기계공작 로봇

종래의 단순 NC 기술에서 CNC(computer numerical control) - DNC(direct numerical control) 단계로 발전하면서 산업용 로봇을 다양하게 활용하여 공장자동화를 완성해가고 있다. 고정밀도의 제품을 고속생산하게 되어 생산성 향상에 크게 이바지 하고 있다.

(2) 가정용 로봇

현재는 가정용로봇의 활용분야가 제한적이지만 전자제품군을 대신하는 분야부터 급속한 증가세를 보일 것으로 예상된다.

1) 청소 로봇

청소로봇은 가전제품으로 분류하고자 하는 사람들도 있으나, 청소로봇에 인텔리전스(intelligence) 기능을 추가하면서 로봇으로 자리매김 하고 로봇에 대한 사람들의 관심을 일으켜 로봇을 가정 친화적으로 만든 일등공신이며, 초고령화 사회가 도래하면서 그 수요가 더욱 증가될 것으로 예측된다.

그림 1.5 청소용 로봇

2) 헬스 케어(health care) 로봇

초기의 러닝머신(treadmill)은 병사들의 체력 측정용으로 개발되어 이후 피트니스 센터의 체력 관리용으로 급속히 수요가 늘었고, 현재는 가정에서도 러닝머신을 설치하여 대중화된 상품이다.

3) 자폐증 치료 로봇

자폐증 어린이와 함께 놀면서 다양한 교육 기능까지 추가된 로봇으로 치료와 놀이 기능을 함께 할 수 있다. 자폐증은 물론 다운증후군, 중복 장애자들을 위한 치료와 교육용 목적을 함께 지니고 있다.

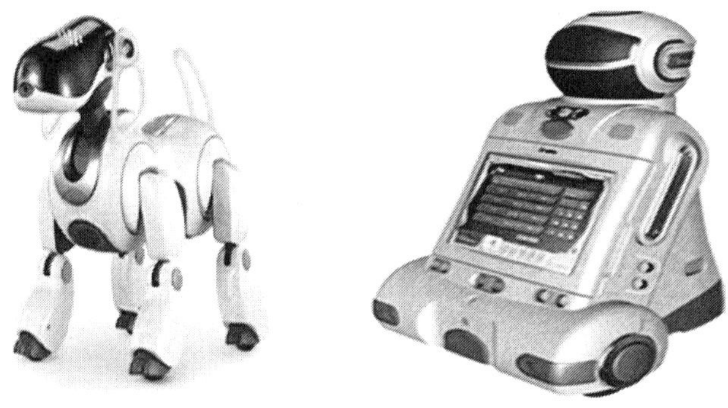

그림 1.6 애완용 및 교육용 로봇

(3) 의료용 로봇

질병 치료와 건강 및 생명연장에 대한 사회적 관심이 높아지면서 과도한 업무량을 요구하는 의료 시술과 의료 서비스의 수요가 확대되고 있다. 이에 따라 첨단 정밀 의술이 필요한 요소, 간호사의 장시간 근무를 대치할 수 있는 로봇의 개발이 필요하며, 고령화 선진화 되어가는 인류의 미래를 준비하여야 한다. 의료용 로봇은 간호용과 수술용으로 대별할 수 있으며, 다빈치 수술 로봇이 대표적이다.

(4) 군사용 로봇

출산율이 낮은 국가의 경우 부족해지는 병력 자원을 보충할 수 있는 대안 중의 하나가 군사용 로봇일 수 있다. 위험한 상황에 대처하는 등 레이더(radar), GPS 및 통신기술의 발달로 무인 정찰기 및 드론(drone) 등은 이미 상용화 되었다. 특히, 군집로봇(swarm robot)에 대한 연구가 활발하게 진행중이며, 전투용 로봇, 폭발물 취급용 로봇, 정찰. 감시용 로봇, 무인 비행체 등이 상용화되고 있다.

그림 1.7 군사용 로봇

기타 로봇의 활용분야로는 극한 작업용, 농업용, 우주용, 해저 탐사용, 교육용, 애완용, 공연용, 경기용, 안내용 및 경비용 등 그 활용 분야가 급속히 넓어지고 있다.

그림 1.8 극한 작업용 구조 로봇

1.3 로봇의 분류

산업분야에서 사용되는 로봇은 말단장치(end-effector)를 가지고 있는 매니플레이터(manipulator)와 이동 로봇의 두 가지로 분류할 수 있다. 매니플레이터는 링크(link), 기어(gear), 액추에이터(actuator)와 피드백(feed-back) 기구 등 기계적 장치를 사용하여 구동되며, 기준 좌표계(world coordinate system)로 위치인식을 제어한다. 산업용 로봇(industrial robot)을 형태별로 분류하면 다음의 표와 같다.

[표 1.3] 산업용 로봇의 형태별 분류

구분	로봇의 분류
구동법에 따라	전기식 로봇
	유압식 로봇
	공기압식 로봇
제어축 수에 따라	3축 제어 로봇(3 axes robot)
	4축 제어 로봇(4 axes robot)
	5축 제어 로봇(5 axes robot)
제어 형태에 따라	시퀀스 컨트롤 로봇(sequence controlled robot)
	상각궤도 조작 로봇(trajectory operated robot)
	적응제어 로봇(adaptive robot)
	원격 조정 로봇(tele operated robot)
작업 영역에 따라 (기계적 구조)	직교 좌표형 로봇(cartesian / rectangular / gantry) - 3P
	원통형 로봇(cylindrical) - R2P
	구형 로봇(spherical) - 2RP
	스카라형 로봇(SCARA) - 2RP
	다관절 로봇(articulated / anthropomorphic) - 3R

(1) 구동 방법에 의한 분류

매니플레이터(manipulator)의 관절을 구동하는 동력원에 따라 전기식, 유압식, 공기압식으로 나누며, 그 특성 비교는 아래의 표와 같다.

[표 1.4] 로봇 구동 동력원의 특징

구분	전기 구동	유압 구동	공기압 구동
구조	간단	복잡	복잡
가격	저렴하다	비싸다	약간 비싸다
출력	낮은 출력	높은 출력	높은 출력
청정도	깨끗하다	오염이 있다	깨끗하다
안정성	과부하에 약하다 발열이 있다	과부하에 강하다 발열이 크다	과부하에 매우 강하다 발열이 없다
응답성	보통	좋음	나쁘다
기타	정확도가 높다 반복성이 좋다 관리가 편하다 설계가 쉽다 저속 구동이다	고속 구동이 가능하다 잡음이 있다 관리가 필요하다 넓은 공간이 필요하다	정확도가 낮다 반복성이 나쁘다 관리가 쉽다

(2) 작업영역에 의한 분류

매니플레이터의 공구단이 움직이는 상태 또는 기계적 구조에 따라 분류하는 방식으로 미끄럼 관절(Prismatic joint)와 회전 관절(Revolute joint)의 수로 구별되며, 그림과 같이 직교형, 원통형, 구형, 다관절형, 스카라형의 5종류의 작업 영역이 형성된다.

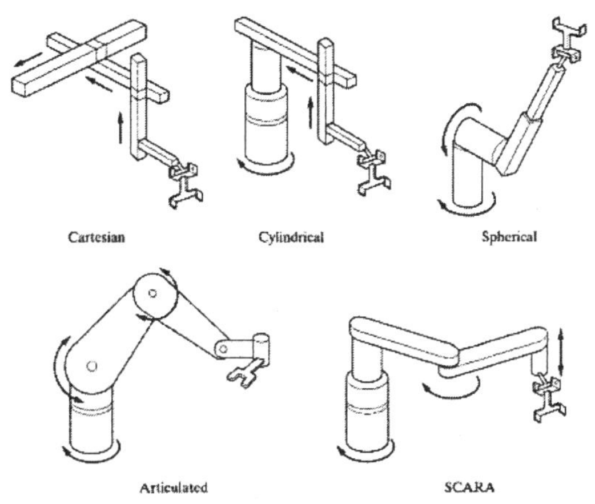

그림 1.9 로봇의 작업 영역

1) 직교 좌표형 로봇

직교 좌표형 로봇은 산업용 로봇(industrial robot) 중에 가장 간단한 구조로 그림과 같이 축 방향으로 3개의 직교하는 축을 가지고 있으며 작업영역은 직육면체가 된다. 갠트리(gantry) 로봇이 이에 속하며, 분해력(resolution)과 정확성이 좋고, 장애물 회피가 비교적 용이하며, 관절의 움직임을 제어하기 쉬운(NC 방식의 제어) 장점이 있으나, 프레임이 커서 작업공간에 제한이 있고, 직선운동을 위한 기구학적인 설계가 복잡하고 운용을 위한 바닥 공간을 많이 차지하는 단점이 있다. Cartesian 좌표계 로봇이라고도 하며, 직교 로봇 선정 시 고려사항은 다음과 같다.

① 로봇의 주 용도는?

② 로봇의 제어 축 수는?

③ 로봇의 가반 하중은?

④ 로봇의 작업 영역은?

⑤ 로봇의 반복 정밀도는?

⑥ 로봇의 속도(cycle time)는?

⑦ 제어기의 종류, 전원, 컨트롤 방법은?

⑧ 입. 출력 사양 및 외부 제어 방법은?

⑨ 제어기에서 본체까지의 케이블 길이는?

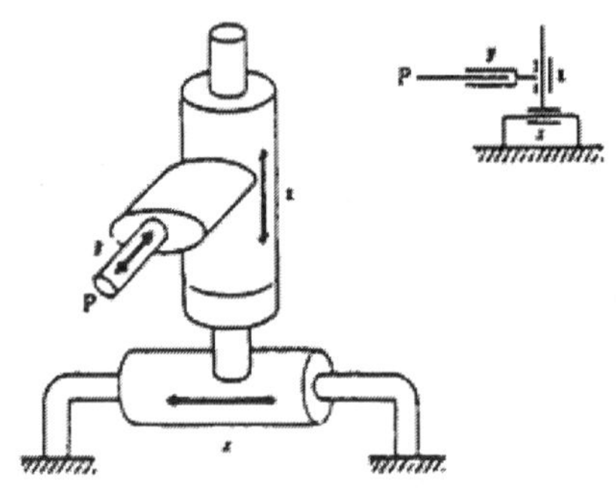

그림 1.10 직교 좌표형 로봇

2) 원통형 로봇

직교 좌표형 로봇의 첫 번째 관절을 회전축으로 대치한 구조이며, 작업영역은 원통 영역이 된다. 대표적인 예로는 Stanford arm이 있으며, 장애물 회피가 비교적 용이하고 직교로봇에 비해 기구학적인 설계가 간단한 장점이 있으나 구조가 크고 직교로봇에 비해 정확성과 분해성이 떨어지는 단점이 있다.

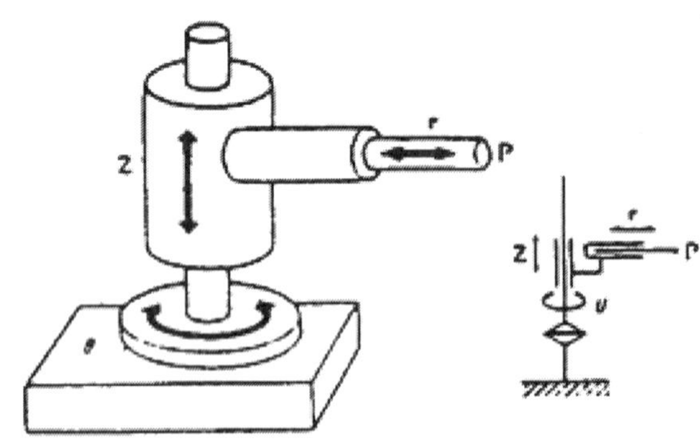

그림 1.11 원통형 로봇

3) 구형(극좌표) 로봇

구형 로봇은 그림과 같이 2개의 회전 관절과 1개의 미끄럼 관절로 되어 있으며, 작업영역이 구의 형태를 띠고 있다. 대표적인 예는 유니메이트(Unimate)이며 무게가 가볍고 구조가 간단하며 분해력이 좋은 장점이 있는 반면에 장애물 회피에 제한이 있고 반지름에 비례하는 위치오차가 큰 단점이 있다.

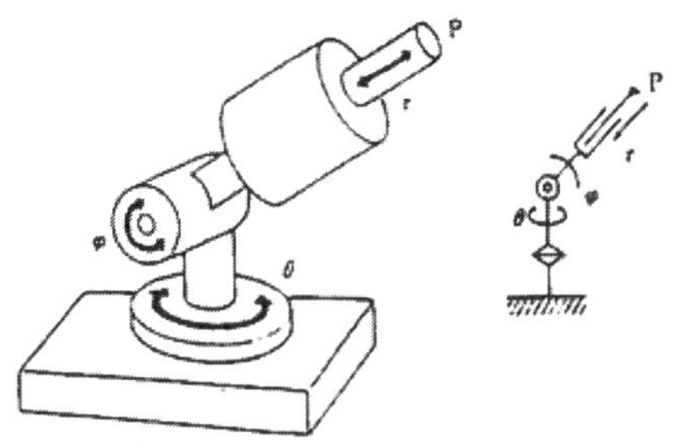

그림 1.12 구형(球形) 로봇

4) SCARA형 로봇(수평 다관절 로봇)

구형 로봇과 동일하게 2개의 회전 관절과 1개의 미끄럼 관절을 가지고 있으나 그림처럼 3축이 모두 수직 형태를 가지고 있다. 이 로봇은 비교적 값이 저렴하고 빠르고 유연한 동작이 가능하여 특히 조립 작업에 많이 쓰인다. 스카라 로봇 선정시 고려되어야 할 사항은 다음과 같다.

① 로봇의 최대속도와 Cycle time은?

② 로봇의 가반 하중은?

③ 로봇의 작업 영역은?

④ 로봇의 반복 정밀도는?

⑤ 로봇의 강성(Stiffness)은?

⑥ R축(제4축)의 Inertia는?

⑦ 제어기의 전원, 제어기 종류, 제어기 Control 방법은?

⑧ User I/O 사양, System I/O 사양, 외부 제어 방법은?

⑨ 제어기 로봇 간의 Cable 길이 및 용노는? (고정용, 구동용)

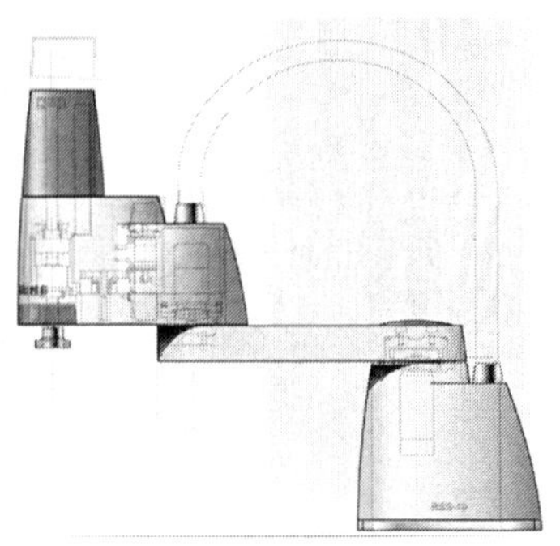

그림 1.13 스카라 로봇

5) 다관절형 로봇(수직 다관절형, 회전 관절형)

이 로봇은 인간의 팔과 유사한 형태이며 회전관절 로봇이라고도 한다. 공간에서 임의의 자세로 작업할 수 있어 다른 로봇과의 작업영역에 호환선이 있는 장점이 있으나 분해력과 정확성이 떨어지며, 장애물 회피에 제한이 있고 움직임에 진동이 심하고 관절과 관절 사이의 거리와 각도 계산 등이 복잡한 단점을 가지고 있으며, 수직 다관절 로봇 선정시 고려할 사항은 다음과 같다.

① 로봇의 가반 하중은?
② 로봇의 작업 영역은?
③ 로봇의 반복 정밀도는?
④ 로봇의 강성(Stiffness)은?
⑤ 최대 허용 모멘트와 Inertia는?
⑥ 제어기의 전원, 종류, Control 방법은?
⑦ User I/O 사양, System I/O 사양, 외부 제어 방법은?
⑧ 제어기 로봇간의 Cable 길이 및 용도(고정용, 구동용)는?
⑨ 로봇의 주변 환경은?

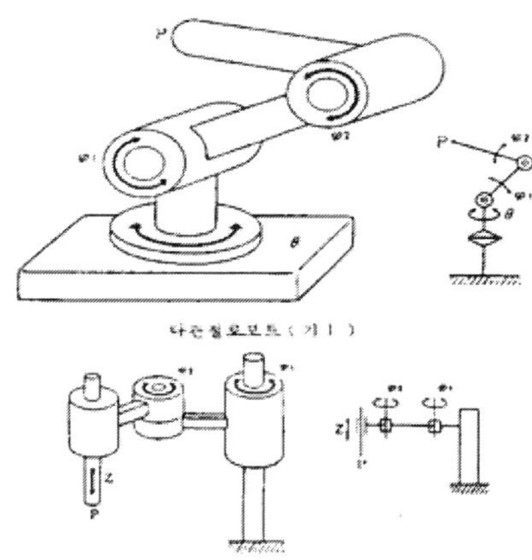

그림 1.14 수직 다관절 로봇

다음의 표에는 5가지 형태의 매니플레이터(manipulator)에 대한 장. 단점을 정리하였다.

[표 1.5] Manipulator 형상의 장. 단점

형상	장 점	단 점	특 징
직교 좌표형	- 장애물 회피 비교적 용이 - 관절의 움직임 제어 용이	- 프레임이 크고 작업 공간에 제한을 받음	- NC 방식
원통 좌표형	- 장애물 회피 비교적 용이 - 직교로봇에 비해 기구학적 설계가 간단	- 직교로봇에 비해 정확성과 분해성이 떨어짐	- Stanford arm
구 좌표형	- 무게가 가볍고 구조가 간단 - 분해력이 우수	- 장애물 회피에 제한 있음 - 반지름에 비례하는 위치 오차 발생	- Unimate 200B
스카라 좌표형	- 비교적 값이 싸고 빠르고 유연한 동작 - 조립작업에 많이 사용	- 오프라인 프로그래밍 어려움 - 아주 복잡함	- U.S.Robot의 Maker 22
다관절 좌표형	- 인간의 팔과 유사한 형태 - 최소공간에 최대 작업영역	- 장애물 회피에 제한 있음 - 진동이 심함	- PUMA 500/600

1.4 로봇의 자유도

자유도(DOF ; degree of freedom)는 일반적으로 로봇 형태의 완전한 표현을 위해 필요로 하는 일반화된 좌표수와 기구학적으로 독립인 비 홀로노믹 제약(non - holonomic constraint) 방정식의 수의 차이로 정의할 수 있는데, 대개의 경우 로봇의 동작을 위해 필요로 하는 모터의 수(관절의 수)와 동일하다.

일반적으로 이동 로봇이 가질 수 있는 최대의 자유도는 3자유도 이며, 매니플레이터는 일반적으로 공간적인 위치 결정을 위해 3자유도, 또한 공간적인 자세결정을 위해 3자유도 등 전체적으로 6자유도(x, y, z, roll, pitch, yaw)가 필요하며 그림과 표에 로봇의 형태에 따른 자유도를 정리하였다.

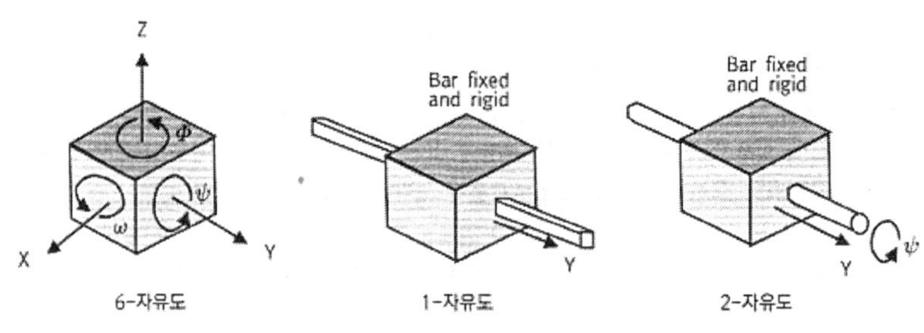

그림 1.15 자유도의 분류

[표 1.6] 로봇의 형태와 자유도

형 태	위치 결정	자세 결정	자유도
직각 좌표형	PPP	RRR	6
원통 좌표형	RPP	RRR	6
극 좌표형	RRP	RRR	6
다관절 좌표형	RRR	RRR	6

* P : Prismatic(translational), **미끄럼 관절**
R : Revolute(rotary), **회전 관절**

1.5 로봇의 정확도와 반복 정밀도

매니플레이터의 정확도(accuracy)는 작업 공간 내에 주어진 점까지 얼마나 가까이 정확히 갈 수 있는가의 척도를 말한다. 반복정밀도(repeatability)는 이전에 가르친 점까지 매니플레이터가 얼마나 가까이 정밀하게 다시 다가갈 수 있는가의 정밀도를 말한다.

요즘 다수의 매니플레이터는 반복정밀도는 높으나 정확도는 높지 못하다. 그 이유는 위치오차를 감지하는 방법이 관절에 부착된 위치 엔코더(encoder)를 사용하는 것이다. 따라서 말단장치의 정확도는 매니플레이터의 형상에 따른 계산오차, 구동장치의 가공 정밀도, 중력이나 자중에 의한 휨, 기어의 백래시(backlash), 기타 정적 또는 동적 영향을 받아 오차가 발생하게 된다.

따라서 로봇을 설계할 때 매우 높은 강성을 갖도록 하는 이유가 자중에 의한 처짐 등 내외부에서 기인하는 오차를 최소화 하려는 노력의 일환이다. 로봇의 높은 강성 없이 정확도를 증가시키기 위해서는 비전 시스템(vision system) 등 말단장치의 위치 오차를 어떠한 방법으로든지 정교하게 측정하고 보정해주어야 한다.

1.6 로봇의 구성 요소

대량생산을 위한 자동화 생산라인의 핵심은 산업용 로봇(industrial robot)이며, 그 능력을 확장시키기 위해 발전을 거듭하고 있다. 사람의 관절 움직임에 비해서 로봇을 포함한 기계장치의 구동에 필요한 동력원은 전기 모터에 의한 회전력 또는 공.유압에 의한 전자식 제어 시스템(PBW; power-by-wire)이 대부분이다. 로봇을 움직이는 근원은 이와 같은 회전 또는 직선의 액추에이터이며, 로봇의 구성요소를 구분하면 다음과 같다.

① 매니플레이터(기구부 ; manipulator) : 링크 및 관절로 구성된 로봇의 몸체
② 말단 효과장치(end effector) : 로봇의 마지막 관절에 연결된 로봇 손(gripper)
③ 액추에이터(구동기 ; actuator) : 기구의 근육에 해당되는 동력원.(servo motor, stepping motor, pneumatic and hydraulic cylinder etc)
④ 센서(sensor) : 관절의 위치를 제어기에 보냄.(potentiometer, encoder)
⑤ 제어기(controller) : 센서의 정보를 이용하여 구동기의 동작을 제어함.(작은 뇌)
⑥ 처리기(processor) : 로봇 관절의 동작과 속도 등을 계산. 제어함.(두뇌부)
⑦ 소프트웨어(software) : 운영체제(OS) 또는 각종 하드웨어(hardware)를 제어하는 프로그램들로서 대부분 펌웨어(firmware)이다.

[표 1.7] 로봇의 구성 요소

분 류	요소 구분	구성 요소
매니플레이터 (기구부)	기계/기구 부품	- 로봇 프레임(frame) - 하우징(housing) - 바퀴 및 바퀴 축(wheel shaft) - 베어링(bearing) - 기어, 벨트(gear, belt) - 말단 효과 장치(end-effector)
하드웨어 부	전기/전자 부품	- SBC(single board computer) / PC - 제어기(controller) - 전원 관리 보드(board) - 구동기(actuator) - 센서(sensor)
소프트웨어 부	각종 프로그램	- 하드웨어 제어 프로그램 (hardware controll program) (모터 제어, 센서 입.출력 제어) - 운영 체제(OS) - 각종 응용 소프트웨어(application software)

(1) 매니플레이터(manipulator)

로봇의 팔에 해당하는 매니플레이터(manipulator)는 직접 운동을 하는 관절(joint)과 관절들 사이를 연결한 링크(link)로 이루어져 있다. 관절은 회전운동을 하는 회전관절(revolute joint)과 직선 운동을 하는 미끄럼관절(prismatic joint)로 나누어지며 관절의 숫자는 매니플레이터의 자유도(DOF)를 결정한다.

매니플레이터는 링크와 관절이 결합된 기구학적인 구조물이며, 말단 장치는 그리퍼(gripper), 공구(tool), 기타 특별 장치(attachment) 등과 같이 로봇의 팔에 부착된 고정물로서 작업위치 또는 작업용 공구를 잡아주는 끝점이 된다.

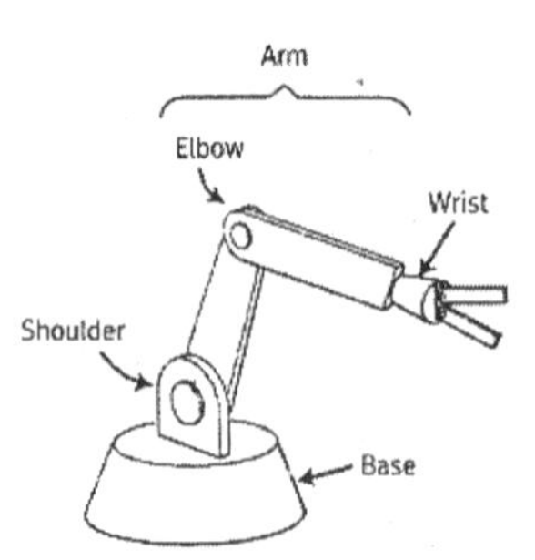

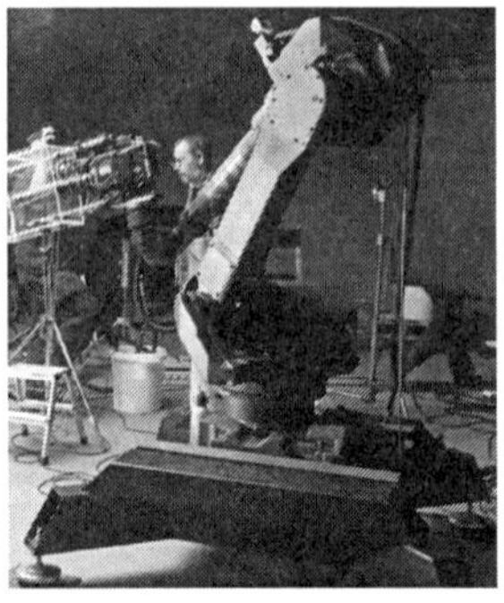

그림 1.16 Manipulator

(2) 말단효과장치(end effector)

매니플레이터(manipulator)가 로봇의 팔에 해당한다면 말단효과장치는 대상물을 잡거나 특정작업을 할 수 있는 손(hand)에 해당된다. 말단효과장치에 무엇을 장착하는가에 따라 로봇의 용도가 달라지며, 그리퍼(gripper)형과 핑거(finger)형이 주류를 이루게 되지만 장착되는 공구(tool)의 종류를 보면 도장 작업을 위한 스프레이 건(spray gun), 용접작업을 위한 토치(torch) 또는 전극, 절삭작업을 위한 드릴(drill), 그라인더(grinder), 수압 절단을 위한 워터 제트(water jet) 등 그 응용 범위는 무한하다.

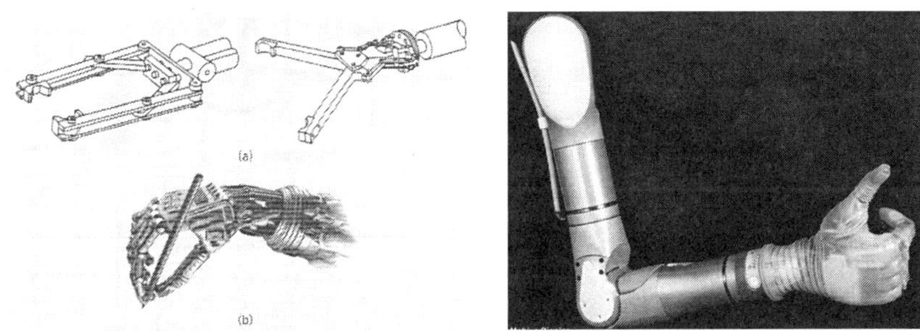

그림 1.17 End-effector의 형태

말단장치에 부착되는 다양한 장치와 공구는 다음의 그림에 나타내었다.

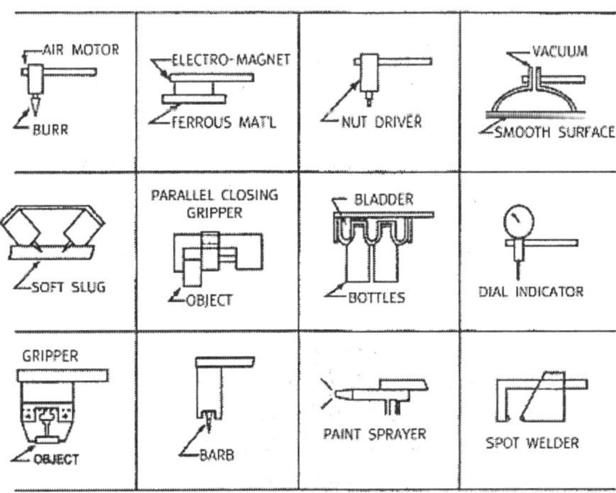

그림 1.18 End-effector에 부착되는 tools

(3) 액추에이터(actuator)

사람의 근육에 해당하는 에너지원을 말하는 것으로 전기, 유압, 공압 형태로 된 것으로 로봇에게 동작을 부여하는 모터(motor) 또는 실린더(cylinder) 등과 같은 구동 장치 즉, 구동기(작동기)를 말한다.

최근의 메카트로닉스 장치나 로봇은 직선 운동을 필요로 하는 경우가 많아 리니어 액추에이터(linear actuator)가 많이 사용되는데 회전식의 교류 모터를 직선상으로 늘인 구조 또는 랙과 피니언(rack & pinion) 기구를 사용한 방식이 사용된다. 또한 전자석을 기계적 운동에 이용하는 솔레노이드(solenoid) 등도 리니어 액추에이터의 일종이다.

고분자 액추에이터란 전기활성이 있는 고분자 재료가 전압에 의해 변형하는 작동기로써 동작하는 소자이다. 이는 경량으로 소프트하면서 가공성이 좋고 전기로 구동될 수 있어 시스템도 간단하여 다양한 용도가 기대된다. 특히 근육 모양의 작동기로서 의료 또는 복지 분야의 용도로 활용될 수 있다.

다음의 표에서는 전기적 에너지원인 직류. 교류 모터의 장. 단점에 대해 정리하였다.

[표 1.8] 직류. 교류 모터의 장. 단점

모터 구분	장 점	단 점
직류	- 작은 부피 - 빠른 속도 - 크기에 비해 큰 힘	- 부하에 따라 속도변화가 심하다 - 속도 가변이 힘들다 - 수명이 짧다(브러시) - 소음이 심하다
교류	- 높은 효율 - 큰 힘 - 용이한 속도 가변(주파수 변환) - 수명이 길다(유지비 저렴) - 저렴한 가격	- 회전 속도가 느리다

(4) 센서 장치(sensor)

로봇에게 보다 고도의 작업을 시키고, 또 다양화에 대응한 유연 생산 시스템에 활용하기 위해서는 로봇의 제어기능에 더하여 감각 기능으로서 고감도의 센서가 필요하다. 로봇용 센서의 역할은 대상 및 환경에 대한 물리량의 측정과 대상의 인식으로 구분된다.

현대의 서비스 로봇은 인간 생활의 필수 도구로 발전되고 있는데, 로봇의 안전과 효율성은 센서의 감도가 좌우한다고 할 수 있다. 특히 초미의 관심사인 무인자동차의 운용에 있어서도 센서의 성능이 성패를 좌우한다고 해도 과언은 아닐 것이다.

인간의 감각에 대응되는 센서의 종류를 표로 정리하였다.

[표 1.9] 인간의 감각에 대응한 센서

감 각	센서(sensor)
시각	광센서, 카메라, 이미지센서
후각	가스 센서
청각	초음파센서, 마이크로폰
미각	-
촉각	압력센서, 온도센서, 습도센서, 접촉센서

기타 지능형 자동차 또는 무인자동차 분야의 필요 센서이며, 일반 자동차에도 적용되고 있는 운전 보조장치 (ADAS ; advanced dirver assistance system)로서의 센서에 대해 정리하였다.

① 적응 순항 제어장치(ACC ; adaptive cruise control system)

② 전방 충돌 경고장치(FCW ; forward collision warming system)

③ 자동 비상 제동장치(AEBS ; advanced emergency braking system)

④ 차선 이탈 경고장치(LDWS ; lane departure warning system)

⑤ 자선 유지 보조장치(LKAS ; lane keeping assist system)

⑥ 사각지대 감시장치(BSD ; blind spot detection system)

⑦ 후방 충돌 경고장치(RCW ; rear-end collision warning system)

(5) 제어기(controller)

제어기(controller)란 매니플레이터(manipulator)가 지시된 작업을 정확하게 수행할 수 있도록 액추에이터(actuator)를 제어하는 장치를 말하며, 순차제어 시스템인 시퀜스(sequence) 제어 또는 마이크로컴퓨터(micro computer) 제어 시스템이 사용된다.

제어 시스템은 Open-loop system과 Closed-loop system으로 분류할 수 있는데, 오픈 루프 시스템은 가정에서의 세탁기처럼 일방으로, 일종의 시퀜스 제어 시스템 방식으로 제어되기 때문에 외부요인 즉, 파라미터가 변동하는 경우에 대처하지 못한다.

반면, 크로스 루프 시스템(closed-loop system)은 지속적으로 피드백을 수행함으로 궤환제어 시스템(feedback control system)이라고도 하며, 융통성을 가지는 정밀제어가 가능하고 안정된 제어를 할 수 있으나 해석 및 설계가 복잡해지며 제어기의 가격이 높아진다.

제2장 기계공작법 개요

2.1 기계공작법의 분류

(1) 기계공작법의 분류

기계공작법(manufacturing precess)은 가공 가능한 다양한 재료를 가공하여 로봇 등 자동화 장치의 부품은 물론 인류의 생활에 편리하고 유용한 형태나 상태로 변화시키는 기계, 기구, 장치, 제품 등을 연구하는 분야로서 주로 기계적 방법으로 가공 제작하는 일련의 과정을 다룬다.

그러나 기계는 그 종류도 다양하고 새로운 기계가 계속 출현하여 모든 기계를 이해하고 사용한다는 것은 물리적인 한계가 있지만 공작기계에 이용되는 가공 원리 및 가공 방법은 기본적으로 동일하다고 볼 수 있다.

절삭가공(cutting)이란 절삭공구(cutting tool)와 공작물의 상대적 운동을 이용하여 칩(chip)을 발생시키면서 불필요한 부분을 제거하여 필요한 제품의 형상으로 만드는 방법이며, 절삭가공에 사용되는 다양한 기계를 공작기계라 한다.

비절삭 가공이란 칩을 발생시키지 않고 필요한 제품의 형상을 만드는 방법을 말하는데 주조, 소성가공 등이 비절삭 분야에 속하며, 비절삭 방식으로 가공되는 기계를 금속 가공 기계라 한다.

협의의 공작기계는 금속 재료의 공작물을 절삭, 연삭(grinding) 또는 특수 가공 등의 방법에 의하여 불필요한 부분을 제거하고 필요한 제품으로 가공하는 기계의 모든 종류를 의미한다. 또한 광의의 공작기계는 금속재료 이외에 플라스틱(plastic), 세라믹(ceramic), 석재 및 목재 등을 절삭, 연삭 및 특수가공 등의 방법에 의하여 공작물을 가공하는 기계들을 포함한다.

하나의 자동화 장치, 기계장치, 기계나 제품이 제작되기 위하여 수많은 작업공정을 거쳐야 하며, 기계장치나 기구 제품의 기능을 고려한 설계, 최적의 재료 선정, 장치 제품의 형상과 치수에 따라 가공기계와 가공방법이 선정되어야 한다. 기계공작법에서는 기계장치 설계자가 설계한 도면에 의한 정밀한 가공방법과 가공에 대하여 연구하는 학문분야 이다.

표는 기계공작법의 종류를 정리하였다.

[표 2.1] 기계공작법의 분류

비절삭 가공	주조	목형, 주형, 특수주조, 플라스틱 몰딩(plastic moulding)	
	소성가공	단조, 압연, 프레스 가공(pressing), 인발(drawing), 압출(extrusion), 판금 가공	
	용접	납땜(soldering), 경납땜(brazing), 단접(froge welding), 전기용접, 가스용접, 테르밋용접	
	특수 비절삭가공	전조(rolling), 전해연마, 방전가공, 초음파가공, 버시싱(burnishing)	
절삭가공	절삭공구에 의한 가공	고정공구	선삭(turning), 평삭(planing), 형삭(shaping), 브로우칭(broaching), 줄작업(filling)
		회전공구	밀링(milling), 드릴링(drilling), 보링(boring), 호빙(hobbing), 소잉(sawing)
	연삭공구에 의한 가공	고정입자	연삭(grinding), 호닝(honing), 슈퍼 피니싱(super finishing), 버핑(buffing), 샌더링(sandering)
		분말입자	래핑(lapping), 액체 호닝(liquid honing), 배럴가공(barrel working)

(2) 공작기계의 특성

공작기계는 정밀하면서도 능률적인 생산으로 경제성을 최우선 고려하여야 하며, 기본적인 공작기계의 구비조건을 표로 정리하였다.

[표 2.2] 공작기계의 요구 특성

구 분	구비 조건
공작 기계	높은 정밀도를 유지해야(accuracy)
	우수한 가공능률이 있어야(productivity)
	내구력이 커야(durability)
	융통성이 있어야(flexibility)
	안전성이 있어야(safety)
	강성이 있어야(rigidity)

1) 가공되는 제품의 정밀도가 높아야 한다.

가공되는 제품의 정밀도는 치수, 형상, 표면거칠기, 기하학정 형상(기하공차)의 정밀도가 높아야 하며, 제품의 정밀도에 영향을 주는 요인으로는 공작기계, 소요재료, 절삭조건, 냉각제, 작업자의 숙련도 등 다양한 요인이 있을 수 있으며, 공작기계 자체에 관한 사항을 정리하였다.

공작기계에 내재된 정밀도는 주축(spindle)의 정밀도, 안내면의 정밀도, 온도 변화에 따른 변형 최소화, 기계 자체의 강성, 이송장치의 뒤틈(back lash), 기계의 진동 등 다양한 요인이 발생하며, 이러한 요인을 충분히 검토하여 정밀도가 높은 제품의 가공이 가능한 공작기계의 특성을 갖추어야 한다.

가공된 제품의 정밀도는 공작기계의 정밀도를 그대로 전달 받는 모성원리(copying principle)가 작용하기 때문에 제품의 정밀도가 공작기계의 정밀도 보다 높을 수 없으며, 제품의 정밀도를 높이려면 공작기계의 정밀도 보정(accuracy compensation)이 필요하다.

2) 가공능률이 좋아야 한다.

가공기술이 발달하고 기계공업이 발달하고 수요자의 요구가 다양화 되면서 공작기계의 높은 생산성이 요구되는 것은 당연하다.

공작기계의 생산능률의 기준이 되는 절삭효율(cutting efficiency)은 단위동력 및 단위시간에 발생된 칩의 양으로 표시하며, 기계의 효율(machine efficiency)도 중요한 요인이 된다.

3) 융통성이 있어야 한다.

공작기계의 융통성이 크면 이용범위는 넓어지지만 생산능률은 내려가므로 목적에 따라서 융통성의 범위를 정해야 한다. 공작기계는 제품의 종류, 형상, 크기, 정밀도 등에 따라 규격을 정하게 되며, 결정된 공작기계에서 다양화되고 변화되는 제품을 가공할 수 있는 정도를 융통성이라 하며, 이러한 정도를 고려하여 결정한다.

4) 안전성 있어야 한다.

공작기계를 운용하는 작업자의 안전과 공작기계 자체의 안전으로 나눌 수 있다. 공작기계를 운용할 때 절삭속도(cutting speed)의 선정, 위치조정, 공작물의 착탈을 위한 핸들

(handle), 레버(lever) 등의 사용, 칩(chip)의 비산, 전동장치 등으로부터 작업자를 보호할 수 있는 안전성이 요구되며, 진동, 충격, 온도변화, 칩으로부터 공작기계를 보호할 수 있는 기계 자체의 안전성 또한 요구된다.

5) 강성(rigidity)이 있어야 한다.

공작기계는 자중, 공작물의 하중, 절삭저항 등의 외력을 받아 각 부분에 변형이 발생할 수 있고, 이러한 변형으로 공작물의 형상, 치수, 정밀도, 표면거칠기 등에 영향을 미칠 수 있다. 강성은 정적, 동적, 열적으로 분류할 수 있으며 정적강성은 정적인 하중을 받을 때의 변형특성이며, 동적강성은 기계의 작동시 전동기(motor), 회전축(spindle), 기어(gear), 베어링(bearing), 왕복 운동기구 등에서 발생하는 복잡한 기계적인 진동 및 관성력에 대한 변형특성이며, 열적강성은 절삭열의 영향에 따른 변형특성이다. 따라서 여러 가지 변형특성에 충분히 대응할 수 있는 기계의 강성이 필요하다.

(3) 기계제작 공정

재료나 원자재로부터 기계장치 등을 완성하기 위한 제작공정은 표와 같으며, 기계제작을 위한 일반적인 공정은 다음과 같다.

[표 2.3] 기계의 제작 공정

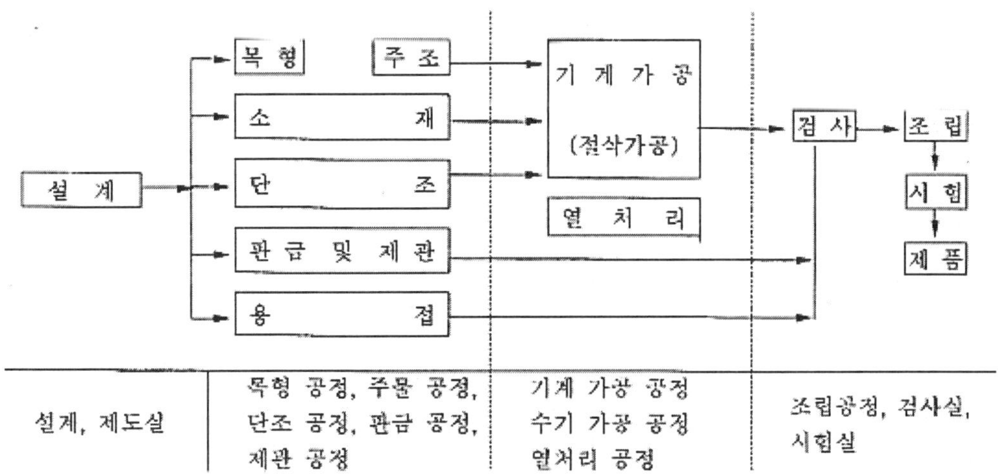

1) 목형 공정

주물(cast)의 제작을 위해서는 모형(pattern)이 필요하게 되는데, 이 모형을 일반적으로 목재로 제작하기 때문에 목형이라고도 한다.

2) 주물(foundry)

일반적으로 금속을 고온으로 가열하면 용해되는데 용융된 금속을 일정한 틀(주형)에 주입하여 냉각시키면 응고된 주물이 된다.

3) 단조(forging)

금속재료를 소성 유동하기 쉬운 상태에서 압축력 또는 충격력을 주어 단련시키면서 소요의 형상으로 가공하는 것을 말한다.

4) 열처리(heat treatment)

재료에 일정한 온도로 가열 또는 냉각 시켜서 재료의 목적에 따른 기능을 충분히 발휘하도록 개선하는 작업을 말한다.

5) 다듬질(finishing)

재료를 목적한 정밀도에 이르도록 최종 가공하는 과정으로 수기가공과 기계가공으로 나눌 수 있다.

6) 조립(assembly and fitting)

다양한 기계가공으로 완성된 부품들을 끼워맞춤 또는 조립하여, 기계장치 또는 제품을 완성하는 단계이다.

7) 검사 및 시험(inspection and testing)

각종 기계장치, 부품 및 제품의 검사와 시험을 하는 단계이며, 생산능률의 향상과 우수한 제품을 생산하기 위하여 공정관리 및 품질관리를 통한 협력적인 관리가 필요하다.

2.2 공작기계의 기본운동과 절삭조건

(1) 공작기계의 기본 운동

공작기계는 경도가 높은 절삭공구인 커터를 공작물과 상대운동을 시켜 칩을 발생시키면서 필요한 형상과 치수로 부품을 가공하는 것으로 정상적인 절삭이 이루어지기 위해서는 절삭운동, 이송운동, 위치결정운동의 3가지 기본운동이 필요하다.

1) 절삭운동(cutting motion)

절삭작용은 회전운동과 직선운동에 의하여 이루어지며, 칩이 배출되는 반대 방향으로 움직이게 된다.

① 커터를 정위치에 고정하고 공작물이 상대운동을 하는 경우 : 밀링, 플레이너 등

② 공작물을 정위치에 고정하고 커터가 상대운동 하는 경우 : 세이퍼, 드릴, 선반, 브로우칭(broaching) 등

2) 이송운동(feed motion)

선반의 절삭작용을 예로 보면, 공작물이 회전할 때 왕복대 상단에 장착된 바이트가 가공물의 길이방향 또는 가공물의 직경방향으로 절삭 이동한다. 이와 같이 절삭운동과 직각으로 이동되는 운동을 이송운동이라 하며, 가공 표면을 좋게 하기 위하여는 일정한 이송이 필요한데, 이를 위해 이송기구를 이용하기도 하고 CNC 공작기계가 사용되기도 한다. 이송의 단위는 회전절삭의 경우는 mm/rev, 직선운동에 따른 절삭의 경우에는 mm/min, 직선왕복운동을 하며 절삭하는 경우에는 mm/stroke를 사용하며, 이송운동은 다음과 같은 원칙을 적용한다.

① 1회 이송량은 커터의 폭보다 적게 한다.

② 이송운동 방향은 절삭운동방향과 직각으로 이루어지며, 가공면과 평행 또는 직각으로 한다.

③ 이송운동은 절삭운동과 일정한 관계가 있고 규칙적으로 진행한다.

3) 위치결정운동(positioning motion)

공작물과 커터의 상대적인 가공위치(가로방향, 세로방향, 절삭깊이 등)의 결정을 의미하는 운동이다.

① 기계의 운동중심과 공작물의 중심 또는 가공면의 상대 위치 거리를 조정한다.

② 이송을 시작하는 위치와 끝나는 위치를 조정한다.

③ 절삭깊이와 이송위치를 조정하여 필요한 부품으로 가공한다. 일반적으로 이송장치와 보완장치를 겸하여 사용한다.

(2) 절삭 조건

절삭이란 공작물을 필요한 형상과 치수, 치수정밀도, 표면거칠기 등을 의도한 목표만큼 경제적으로 가공하는 것을 의미하며, 경제적인 절삭을 위하여 절삭과 관련된 커터의 각도, 형상, 절삭속도, 이송속도, 절삭깊이, 커터의 재질, 절삭제, 절삭열, 공작물의 재질 등 복합적인 영향 요인이 있다.

단위 시간에 발생하는 칩의 양에 관한 사항 즉, 절삭율에 영향을 미치는 여러 요인들을 절삭조건이라 하며, 커터의 재질 및 형상, 공작물의 재질, 절삭속도, 절삭깊이, 이송, 절삭제의 사용 유무 등이 포함된다.

1) 절삭속도(cutting speed)

절삭속도는 공작물과 커터 사이의 상대적인 속도이며, 단위시간에 커터 인선이 통과하는 속도를 의미한다.

절삭속도는 공작물의 표면거칠기, 절삭능률, 절삭공구의 수명에 많은 영향을 미치는 요인으로서 절삭조건의 최우선 변수이다. 절삭속도를 나타내는 식은 아래와 같다.

$$V = \frac{\pi D n}{1000} \text{ [m/min]}$$

V : 절삭 속도

D : 공작물 또는 회전 커터의 직경[mm]

n : 회전수[rpm]

절삭속도는 공작물의 지름, 커터의 재질, 공작물의 재질, 절삭 깊이와 이송속도, 절삭유의 사용 유무에 따라 적정한 속도를 선정하여야 한다.

절삭속도가 높으면 가공물의 표면거칠기가 좋아지고 가공시간도 단축되지만, 커터와 공작물의 마찰열 증대로 인한 절삭온도 상승으로 절삭공구의 수명이 단축될 수 있다. 따라서 경제적 절삭속도인 60 ~ 120[m/min]로 선정하는 것이 좋으며, 절삭속도를 기계에 적용할 때는 회전수를 계산하여 적용하게 된다.

$$n = \frac{1000\,V}{\pi D}\ \text{[rpm]}$$

동일한 회전수에서는 공작물의 지름이 커질수록 절삭속도가 빨라지게 되므로, 작업자는 이를 고려하여야 하며, CNC 프로그래밍에서도 적합한 지령방식을 선택하여야 한다.

2) 절삭깊이(depth of cut)

절삭깊이는 커터로 공작물을 절삭하는 깊이 이며, 커터의 형상에 관계없이 가공하는 방향에 수직으로 측정한다. 단위는 mm이며, 원통가공의 경우 가공량은 절삭깊이의 2배가 됨을 주의해야 한다.

일반적으로 절삭 깊이가 커지면 절삭온도와 절삭저항의 상승으로 인하여 커터의 수명이 감소된다. 그림은 원통형과 평면형의 절삭 깊이를 나타낸다.

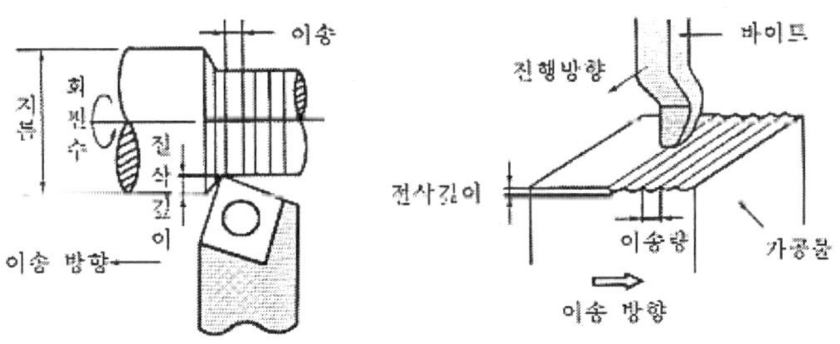

그림 2.1 절삭 깊이(depth of cut)

3) 이송속도(feed speed)

이송운동에 대한 속도를 나타낸 것으로 절삭커터와 공작물 사이에 발생하는 상대운동의 속도이다. 회진운동 방식의 기계에서는 mm/rcv, mm/min의 단위를 사용하며, 직선운동을 하는 기계에서는 mm/stroke를 단위로 사용한다. 다음은 밀링머시인의 이송속도이다.

F = Fz × Z × n [mm/min]

Fz : 절삭날 1개당 이송속도[mm]

Z : 커터의 날수[개]

n : 커터의 회전수[rpm]

절삭면적 A는 절삭 깊이와 이송의 곱이 된다.

A = S × t [cm^2]

S : 이송속도[mm/min]

t : 절삭깊이[mm]

분당 절삭량인 절삭율 Q는 다음과 같이 계산된다.

Q = V × S × t [cm^3/min]

S : 이송속도[mm/min]

4) 절삭동력

절삭에 필요한 동력은 절삭저항의 크기로 계산되며, 공작기계의 전소비동력(total power consumption) N은 실제 절삭동력(effective cutting power) Ne , 이송에 소비되는 동력(feed power) Nf, 손실동력 Nl의 합이 된다.

즉 N = Ne + Nf + Nl 이다.

유효 절삭동력(Ne)은 아래와 같이 나타낸다.

$$\text{Ne} = \frac{F1 \times V}{75 \times 60 \times \eta}[PS] = \frac{F1 \times V}{102 \times 60 \times \eta}[KW]$$

F1 : 주분력 [kgf]

V : 절삭속도[m/min]

η : 기계의 효율

이송동력(Nf)은 아래와 같이 나타낸다.

$$Nf = \frac{F2 \times n \times f}{75 \times 60 \times 10^3 \times \eta}[PS] = \frac{F2 \times n \times f}{102 \times 60 \times 10^3 \times \eta}[KW]$$

F2 : 이송분력 [kgf]

n : 회전수 [rpm]

f : 이송속도 [mm/rev]

η : 기계의 효율

손실동력(Nl)은,

Nl = N - Ne

이송동력은 절삭동력의 2 ~ 5% 정도의 적은 동력이며, 손실동력 또한 매우 작은 값이므로 무시하고 절삭동력만으로 계산하게 된다.

(3) 절삭 저항(cutting resistance)

절삭할 때 공작물로부터 절삭커터가 받는 저항을 절삭저항이라 하며, 절삭저항의 크기는 절삭동력을 결정하는 매우 중요한 요인이 된다. 절삭커터의 수명, 공작물의 표면거칠기, 공작물 절삭성의 기준이 되기도 한다. 그림은 절삭저항의 3분력을 나타낸다.

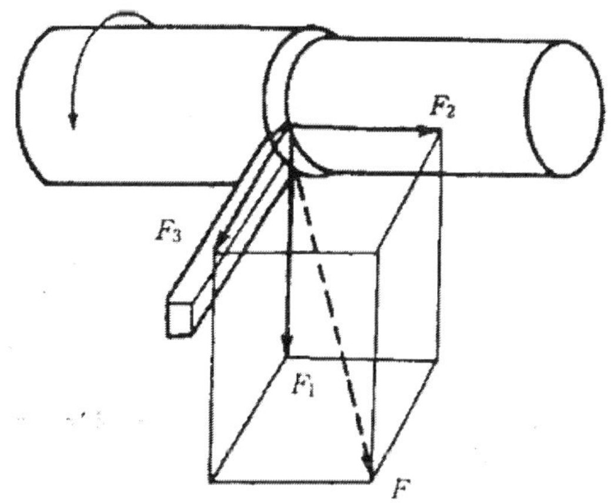

그림 2.2 절삭저항의 3분력

① 주분력(vertical component of cutting force ; F1) : 절삭방향과 평행한 분력

② 이송분력(axial component of cutting force ; F2) : 이송방향과 평행한 분력

③ 배분력(radial component of cutting force ; F3) : 절삭커터의 축방향과 평행한 분력

절삭저항의 크기는 가공 조건에 따라 다르지만, 저탄소강 재료를 가공할 때 주분력이 가장 크고 중요하므로 주분력을 절삭저항으로 보며 각 분력의 크기는 다음과 같다.

F1 : F2 : F3 = 10 : (1~2) : (2~4)

절삭저항의 합력 F는,

$F = \sqrt{(F1)^2 + (F2)^2 + (F3)^2}$ 으로 나타낸다.

2.3 칩과 구성인선

(1) 칩(chip)의 생성

공작물이 절삭커터에 의해 절삭될 때 반드시 칩이 발생하게 되는데, 발생되는 칩의 형태는 커터의 형상, 절삭깊이, 공작물의 재질, 절삭조건 등에 따라 다르며, 어느 절삭조건 한 개라도 부적합하게 되면 원하는 형태의 칩을 발생시킬 수 없으며, 가공면의 표면거칠기 또한 나빠진다. 그림은 칩의 생성에 따른 기본 모양을 나타낸다.

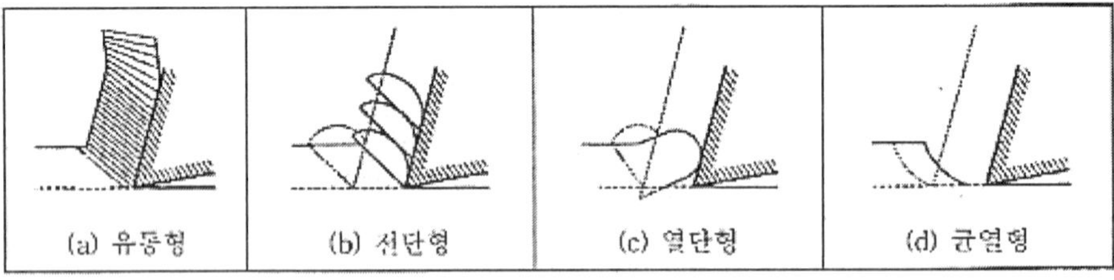

그림 2.3 칩의 기본 모양

1) 유동형 칩(flow type chip)

가장 이상적인 칩의 형태로 칩이 경사면위로 연속적으로 흘러나가는 모양의 칩으로 연속형 칩이라고도 한다. 절삭커터의 선단부로부터 칩은 전단응력을 연속적으로 받으며, 항상 미끄럼이 생기면서 절삭이 이루어지므로 절삭진동이 적고 표면이 매끄러운 면을 얻을 수 있다. 유동형 칩의 발생조건은 다음과 같다.

① 연성의 재료(연강, 구리 등)를 절삭할 때
② 절삭깊이가 적을 때
③ 절삭속도가 빠를 때
④ 커터의 경사각이 클 때
⑤ 윤활성이 좋은 절삭유를 사용할 때

2) 전단형 칩(shear type chip)

칩이 커터의 경사면 위를 흐르지만, 칩을 밀어내는 압축력이 커지면서 연속가공이 이루어지기는 하지만 칩의 흐름 사이에 전단이 일어나는 형태의 칩을 전단형 칩이라 한다. 전단형의 경우 칩의 두께가 수시로 변하므로 진동이 많이 발생하고, 표면거칠기 또한 나빠진다. 일반적으로 전단형 칩은 연성재료를 저속 절삭(low speed cutting)할 때 또는 절삭깊이가 클 때 발생한다.

3) 열단형 칩(tear type chip)

점성이 큰 재료를 경사각이 적은 절삭커터로 가공할 때 또는 절삭깊이가 클 때 발생하기 쉬운 칩의 형태로서 그림에서처럼 가공된 칩이 경사면에 점착되어 원활하게 흘러 나가지 못하고, 절삭커터의 이송에 따라 압축되면서 가공 공작물 일부에 터짐의 현상이 발생한다. 소재의 가공된 면은 뜯어짐이 발생하면서 불규칙한 면으로 가공되기 때문에 표면거칠기가 매우 나빠지는 경작형 상태가 되므로 경작형 칩이라고도 한다.

4) 균열형 칩(crack type chip)

주철과 같은 취성이 높은 재료를 저속으로 절삭할 때 발생되는 칩의 형태로 순간 순간적으로 균열이 발생하여 생기는 형태이다. 균열에 따른 진동으로 절삭커터의 인선에 치핑(chipping)이 발생하여 커터의 수명이 단축되고, 가공면의 표면거칠기도 불량하다. 절삭조건에 따른 칩의 형태를 표로 정리 하였으며, 균열형 칩의 경우에만 절삭조건이 다름을 알 수 있다.

[표 2.4] 절삭조건에 따른 칩의 형태

칩의 구분	공작물의 재질	커터의 경사각	절삭 속도	절삭 깊이
유동형	연하고 점성이 큼	크다	빠르다	작다
전단형	〃	〃	〃	〃
열단형	〃	〃	〃	〃
균열형	경도 높고 취성이 큼	적다	느리다	크다

(2) 구성인선(built-up edge)

1) 구성인선의 발생

연성이 높은 재료를 절삭할 때 절삭공구의 인선에 국부적으로 고온, 고압이 발생하여 대단히 단단하고 미소한 입자가 압착 또는 융착이 반복되어 일어나는 현상으로 커터의 공구각을 변화시키게 됨으로 가공면의 표면거칠기에 나쁜 영향을 준다. 또한 커터에는 떨림(chattering) 현상이 발생하면서 커터의 마모율을 높이고 절삭효율에도 나쁜 영향을 준다.

구성인선의 발생과정은 그림과 같이 발생 성장 최대성장 분열 탈락의 순서로 진행되며, 그 주기는 0.01 ~ 0.03초 정도로 아주 짧은 간격으로 반복주기가 형성되며, 구성인선의 발생 원인에 대해 그 반대의 절삭조건을 적용하면 구성인선의 방지대책이 된다. 구성인선의 발생원인은 다음과 같으며, 그림에는 구성인선의 주기를 나타내었다.

① 절삭 깊이가 클 때

② 커터의 경사각이 적을 때

③ 커터의 인선이 예리하지 않을 때

④ 절삭열이 높게 발생할 때(절삭유의 부적합)

⑤ 절삭 속도가 낮을 때

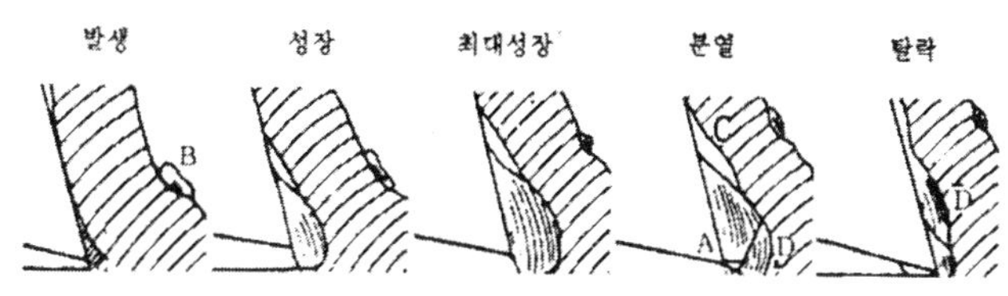

그림 2.4 구성인선의 주기

2) 은백 절삭(SWC)

구성인선을 이용한 절삭방법으로 구성인선을 의도적으로 발생시켜 절삭커터의 인선을 보호하여 수명을 연장시키는 방법이 제안되었으며, 이 방법으로 절삭할 때 칩의 색깔이 은백색으로 나타나기 때문에 은백 절삭(SWC ; silver white cutting method)이라 한다.

구성인선을 안정되게 부착시킬 수 있는 부분을 만들어 절삭커터의 인선을 보호하고 절삭열의 일부를 흡수하게 하여 커터의 수명을 연장시키는 방법이며, 절삭속도 200[m/min]의 영역에서 나타난다.

3) 구성인선의 방지대책

구성인선의 발생 원인에 대해 그 반대의 절삭조건을 적용하여 구성인선을 방지할 수 있으며, 일반적으로 구성인선이 발생되기 쉬운 절삭속도는 고속도강 커터에 저 탄소강재를 절삭할 때 10 ~ 25 [m/min]에서 발생한다. 구성인선이 발생하지 않는 임계속도인 120 [m/min] 이상이면 구성인선이 발생하지 않으며, 커터의 경사각 또한 30° 이상이면 구성인선의 발생을 감소시킬 수 있지만, 커터의 인선이 약해지면서 파손되는 취약점이 있다.

4) 칩 브레이커(chip breaker)

유동형 칩이 가장 이상적인 칩의 형태이지만 유동형 칩은 공작물 또는 절삭공구에 말려들어 가공 표면을 상하게 하거나, 작업자의 안전을 위협하는 경우가 발생할 수 있다. 따라서 유동형 칩의 길이를 인위적으로 짧게 절단시키거나 또는 유동형 칩의 유동 반경을 작게 하여 가공기계와 작업자의 안전을 보호 하는 칩 브레이커를 만들어 사용한다. 칩 브레이커(chip breaker)는 인서트 커터(insert tip cutter)에 설치되는 상치형과 커터의 경사면을 연삭하여 만드는 연삭형이 있다.

2.4 절삭공구의 수명

(1) 절삭공구의 수명

공작물의 절삭성을 분석하거나 커터의 성능을 분석하기 위해 절삭공구의 수명을 파악하는 것이 필요하다. 또한 CNC 공작기계의 활용이 높아지고 있는 현대에서는 더욱 정확한 커터의 수명 파악으로 최적의 커터 교체시기를 결정하는 더욱 중요해졌다.

절삭효율을 높이기 위한 중절삭을 하게 되면 고온 고압으로 인한 마찰력 등 다양한 요인에 의해 절삭공구가 마모되어 절삭성이 감소하고, 가공정밀도가 낮아지고, 가공 표면의 거칠기 불량과 커터의 본래 형상이 변형되어 소요 절삭동력 또한 증가하게 된다.

이러한 다양한 불량 요인이 한계 값을 넘어서게 되면 커터를 교환하거나 재 연삭하여 본래의 절삭성을 회복시켜 줘야 한다. 이와 같이 공구 교환까지 실제 절삭시간의 합을 절삭공구 수명시간이라 하며 단위는 분[min]으로 표기한다.

(2) 절삭공구 인선의 파손

공구의 수명에 가장 큰 영향을 주는 요인이 커터의 마모이며, 절삭 열 또한 주요 원인이 될 수 있다. 이러한 요인의 결과로 여유면의 마모(flank wear), 경사면의 마모(crater wear), 치핑(chipping) 기타 온도에 의한 파손 등이 발생할 수 있다.

1) 크레이터 마모(crater wear)

크레이터 마모는 그림과 같이 칩이 경사면 위를 미끄러져 나아갈 때 마찰력에 의하여 커터의 경사면이 라운드 형식으로 파이는 현상이다.

이는 칩이 커터의 경사면을 긁히게 하는 작용과 고온 고압에 따른 경사면이 점착과 융착을 일으키면서 표층이 미세하게 탈락되는 현상이므로 융착 마모로 볼 수 있다. 크레이터 마모는 유동형 칩에서 발생하기 때문에 절삭 초기의 마모 자체가 크게 문제가 되지는 않지만 반복 확산에 의해 크레이터의 규모가 커지면 커터의 인선을 약화시켜 파손의 우려가 발생한다.

일반적으로 초경합금 커터의 공구수명 한계 크레이터의 깊이는 0.05~0.1[mm]이다.

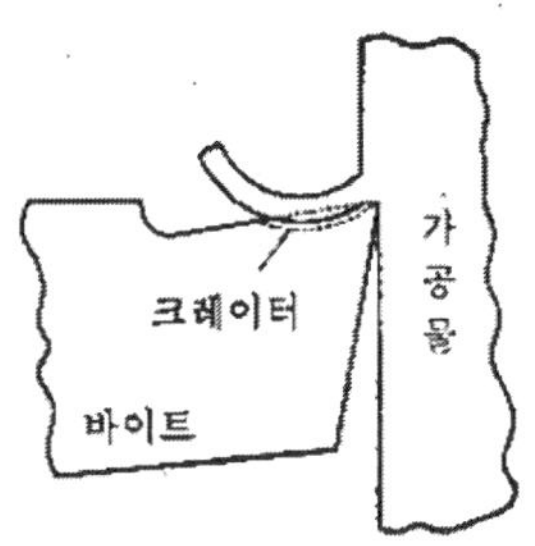

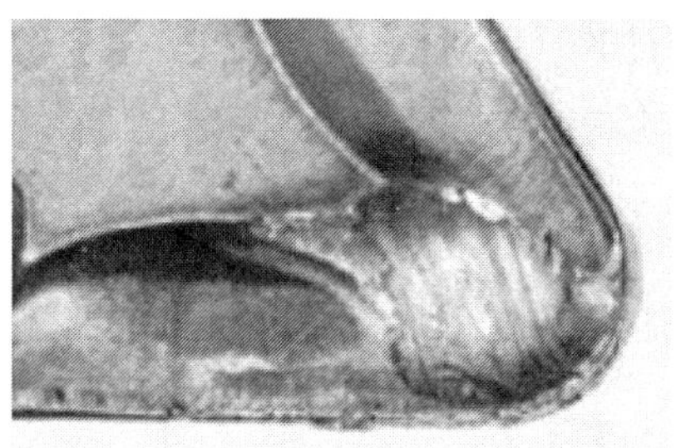

그림 2.5 크레이터 마모

크레이터 마모를 최소화 하는 방법은 다음과 같다.

① 경사각을 크게 하는 등 커터 경사면 위의 압력을 줄인다.

② 윤활성이 좋은 절삭유의 사용 또는 커터의 경사면의 표면거칠기를 좋게 하여 칩과 커터 경사면 사이의 마찰계수를 감소시킨다.

2) 플랭크 마모(flank wear)

플랭크 마모는 그림과 같이 커터 인선의 여유면과 옆면인 플랭크 면이 공작물과의 마찰에 의해서 평행하게 마모되는 현상이다. 플랭크 마모는 가공물의 치수 정밀도에 영향을 미치게 되며, 이를 방지하기 위해서는 커터의 경도 특히 고온경도가 낮아지지 않도록 유지하여야 한다.

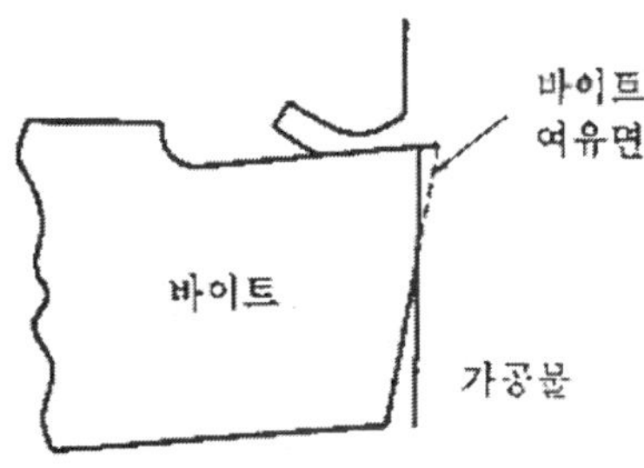

그림 2.6 인선 방향의 플랭크 마모

3) 치핑(chipping)

치핑은 커터 인선의 일부가 미세하게 탈락되는 현상으로 가공물의 치수 정밀도 불량과 표면거칠기 불량이 동시에 나타난다. 치핑은 단속 절삭처럼 커터 인선에 충격력이 가해지거나, 충격에 약한 커터(초경커터, 세라믹 커터 등)를 사용할 때, 공작기계의 진동이 커터의 인선에 가해지는 경우에 많이 발생하게 된다.

치핑은 커터 재료의 탄성부족, 재질적 결함, 커터 연삭열에 의한 열화 등에 의해서도 발생될 수 있으며, 절삭커터의 열화를 방지하는 것이 치핑을 방지하는 방법이 된다.

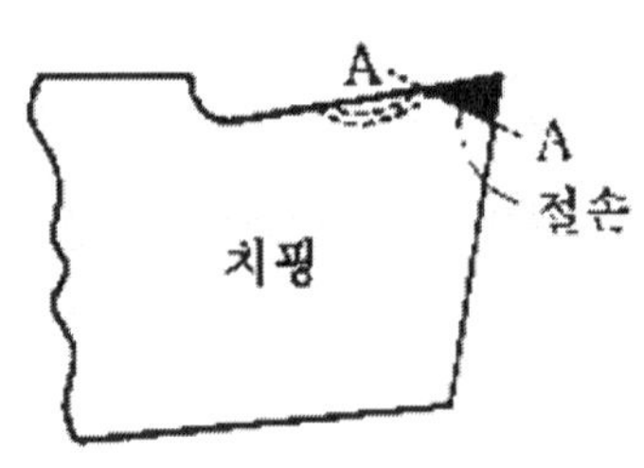

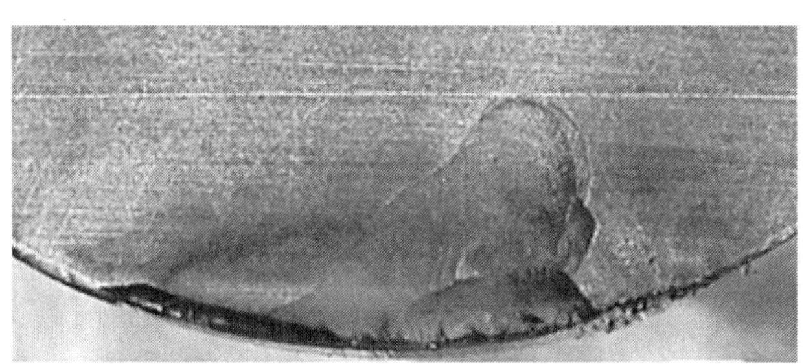

그림 2.7 치핑(chipping)

(3) 절삭공구의 수명

1) 절삭공구의 수명 공식

Tayler는 절삭공구 수명과 절삭속도 사이의 관계를 다음 식으로 나타내었다.

$VT^n = C$

V : 절삭속도[m/min]

T : 공구 수명[min]

n : 지수 (1/5 ~ 1/10)

C : 상수

지수(n)는 절삭공구와 공작물에 의하여 변화하는 지수이며, 고속도강은 0.05 ~ 0.2, 초경합금은 0.125 ~ 0.25, 세라믹은 0.4 ~ 0.55이며 일반적으로 0.1 ~ 0.2이다.

[표 2.5] 절삭공구 수명공식의 상수

공작물	표준 고속도강		초경공구	공작물	표준 고속도강		초경공구
	건식	습식	건식		건식	습식	건식
SM15C	154	214	787	주철 Hb 100	115	158	570
SM25C	126	176	630	주철 Hb 150	73	105	362
SM35C	100	140	494	주철 Hb 200	41	56	204
SM45C	80	112	398	주 강	70	112	398
SM60C	51	72	256	황 동	350	-	1750
Ni-Cr강	87	122	398	경합금	1320	-	6590

1) 커터의 수명 판정

절삭 커터의 수명이 종료되어 재 연삭하거나 새로운 커터로 교환하기 위한 절삭공구 수명 판정방법에는 여러 가지가 있으나 일반적인 판정기준은 다음과 같다.

① 가공면에 광택이 있는 색조 또는 반점이 나타날 때

이러한 광택은 버니싱(burnishing)을 한 것처럼 광택을 띠며, 육안으로도 판정할 수 있으므로 현장에서 손쉽게 커터의 수명판정에 이용된다.

② 커터 인선의 마모(플랭크 마모)가 일정량에 달했을 때

주철이나 강재의 경절삭 등에서 플랭크 마모의 깊이로 공구수명을 판정한다.

③ 치수 정밀도의 변화량이 높아질 때

평행 가공할 때 축 방향으로 갈수록 직경이 커지는 완만한 테이퍼가 나타난다. 이 양이 일정량에 달하면 공구의 수명을 판정하고 교체해야 하는데, 중간 다듬질에서는 0.2[mm], 정밀 다듬질에서는 0.04[mm]정도의 변화가 감지되면 커터를 교환한다.

④ 절삭저항의 주분력에는 변화가 없으나 이송분력과 배분력이 급격히 증가할 때

이송분력과 배분력이 급격히 증가하여 주분력의 크기와 비슷할 정도로 증가되면 공구의 수명을 판정하고 교체하도록 한다.

⑤ 절삭저항의 주분력이 일정량 증가될 때

절삭저항의 주분력의 변화가 감지되면, 커터의 수명이 한계점에 도달하여 교체 시기가 되었음을 의미한다.

2.5 절삭유

(1) 절삭온도

절삭가공에 공급되는 에너지는 대부분 열로 변화되어 칩, 공작물, 절삭공구, 일부는 대기 중에 방열된다. 그림과 같이 절삭시 발생된 열이 공작물에 전달되어 내부에서 절삭열로 존재하게 되는데 이 온도를 절삭온도라 한다. 그림에서 절삭온도가 가장 높은 부분은 칩의 흐름에 따라 마찰이 발생하는 경사면 부분으로 최대 750°C까지 상승하게 되는데, 절삭온도의 증가는 커터 인선의 온도상승으로 이어지며 마모증가와 커터 수명이 감소의 최대 원인이 된다.

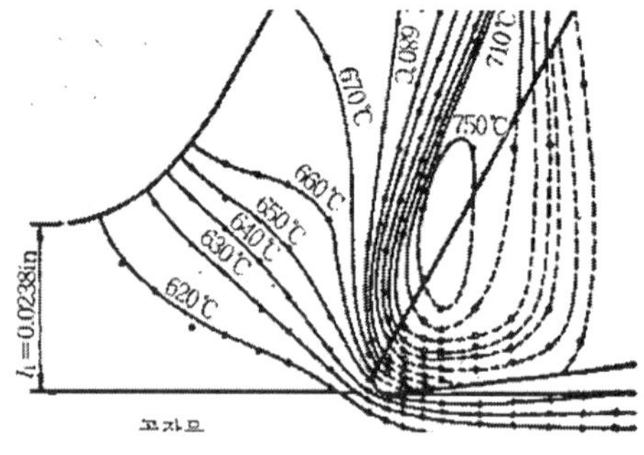

그림 2.8 커터 인선 주변의 온도

공작물 또한 온도 상승에 따른 열팽창으로 치수정밀도에 영향을 미치게 되므로 절삭 온도가 높아지지 않도록 절삭조건을 유지하는 것이 필요하다.

절삭에서 나타나는 열의 형태는 다음의 세 종류이다.

① 공작물의 전단변형과 칩의 소성변형에서 발생하는 열
② 칩과 커터 경사면 사이에서의 마찰열
③ 커터의 선단과 공작물의 상대적 마찰에 의해 발생하는 열

(2) 절삭유

1) 절삭유의 사용목적

절삭가공에서 절삭온도의 상승을 억제하기 위하여 여러 가지의 절삭유를 사용하게 되며, 절삭유의 사용목적은 다음과 같다.

① 냉각 작용 : 커터의 인선을 냉각시켜 경도저하를 막고, 공작물을 냉각시켜 열팽창에 의한 정밀도 저하를 방지한다.

② 윤활 작용 : 커터와 공작물 사이, 커터 인선과 칩의 흐름 사이의 윤활작용을 한다.

③ 친화 작용 : 커터 인선의 마모를 줄이고 윤활 및 세척 작용으로 가공면을 양호하게 한다.

2) 절삭유의 종류

절삭가공에 사용되는 절삭유는 다양하며, 일반적인 종류는 다음과 같다.

① 수용성 절삭유(soluble oil)

광물유를 화학적으로 처리하여 80% 정도의 물과 혼합하여 사용한다. 냉각효과가 크므로 고속절삭 및 연삭유로 적합하다.

② 유화유(emulsion oil)

광유에 비눗물을 첨가하여 유화처리 한 것으로 냉각작용이 비교적 크고, 윤활성이 좋으며, 값이 저렴하여 널리 사용된다.

③ 광유(mineral oil)

경유, 머신유, 스핀들유, 석유 및 기타의 광유 또는 혼합유로서 윤활성은 우수하나 냉각성이 적어 경절삭(輕切削)에 주로 사용된다.

④ 지방질 유(fatty oil)

동물성유, 식물성유, 어유를 포함하고, 지방질 유만을 사용하기도 하지만 높은 점성을 주기 위하여 광물성유를 첨가하여 사용한다.

⑤ 석유(petroleum oil)

다양한 종류의 석유가 사용되며, 무첨가제와 유황, 염소, 인이 포함된 화학성분 절삭유이다. 점성이 높아 고속절삭에 적합하고 난삭재 가공용, 나사절삭, 브로우칭, 심공가공 및 자동선반 등에 사용된다.

[표 2.6] 절삭유의 선정

가공 / 공작물	황삭	정삭	나사	절단	드릴링	너얼링	리이머	연삭
연강	유화유	광유	광유	광유, 유화유	광유	광유	광유	광유
경강	유화유	광유	광유	광유, 유화유	광유	광유	광유	광유
주철	-	-	-	-	-	-	-	광유
동합금	유화유	유화유	유화유	유화유	유화유	유화유	유화유	광유

2.6 절삭 공구

(1) 절삭공구의 구비조건

절삭작용이 일어나는 칩, 커터 인선, 공작물의 접점에는 높은 압력과 마찰로 인해 높은 절삭열이 발생한다. 절삭공구는 이 마찰열에 견딜 수 있는, 특히 고온경도가 높아야 하며 일반적으로 요구되는 절삭공구의 구비조건은 다음과 같다.

① 가공 재료보다 경도가 클 것

② 고온에서 경도가 감소하지 않을 것(고온 경도)

③ 인성과 내마모성이 있을 것

④ 공구의 제작이 용이할 것(성형성)

⑤ 기타 가격이 저렴할 것

(2) 절삭공구 재료의 종류

1) 탄소 공구강

고온경도가 낮아 공구의 인선이 300°C가 되면 뜨임 효과가 나타나 경도가 저하된다. 따라서 최근에는 특수용도에 주로 사용되고 있으며, 경화층이 얇고 중심부는 강인성을 갖는 것이 탄소 공구강의 특징이다.

[표 2.7] 탄소 공구강의 용도

구분 / 종	탄소 함유량(%)	용 도	경도 (HRc)
STC 1	1.3 ~ 1.5	절삭공구, 선반. 플레이너 바이트	63 이상
STC 2	1.1 ~ 1.3	선반바이트, 밀링커터, 드릴	63 이상
STC 3	1.0 ~ 1.1	탭, 다이스, 드릴	63 이상
STC 4	0.9 ~ 1.0	목공 드릴, 칼, 정(chisel)	61 이상
STC 5	0.8 ~ 0.9	snap, 각인, 목공용 띠톱	59 이상
STC 6	0.7 ~ 0.8	각인, snap, 태엽	56 이상
STC 7	0.6 ~ 0.7	각인, snap, 수공구, 스프링	54 이상

2) 합금 공구강

경화성을 개선하기 위하여 탄소 0.8 ~ 1.5[%]를 함유한 탄소공구강에 소량의 Cr, W, Ni, V 능의 원소를 첨가한 강이며, 탄소공구강 보다는 절삭성이 우수하고, 내마모성과 고온경도가 높다. 지속 절삭용 및 총형 공구 용도이며, 인선의 절삭온도는 450[°C] 정도까지 사용할 수 있다.

3) 고속도강(SKH)

W, Cr, V, Co 등의 원소를 함유하는 합금강을 말하며, 담금질 및 뜨임 등 열처리를 하면 600[°C] 정도 까지는 경도를 유지한다. 고속도강(SKH)은 처음 개발 당시 탄소 공구강의 두 배 이상의 절삭속도를 가져 고속도강으로 명명되었다. 밀링커터, 드릴, 탭, 리이머, 바이트 등 다양하게 활용되고 있으며, 표준 고속도강과 특수 고속도강으로 분류된다.

① 표준 고속도강

W(18%) - Cr(4%) - V(1%)의 비율을 함유하는 고속도강을 18 - 4 - 1 표준 고속도강이라 한다.

② 특수 고속도강

절삭 성능을 높여 보다 우수한 절삭을 위해 Co 및 V의 함유량을 높게 첨가시킨 것으로, 코발트를 4 ~ 20[%] 첨가한 고속도강과 탄소 함유량에 따라 바나듐 함유량을 증가시킨 고속도강 등이 해당된다.

4) 소결 초경합금

초경합금은 W, Ti, Ta, Mo, Zr 등의 경질합금 탄화물 분말에 Co, Ni을 결합제로 하여 1400[°C] 이상의 고온으로 가열하면서 프레스로 소결 성형한 커터 재료이다. 초경합금은 고온 및 고속절삭에서도 경도를 유지하여 절삭공구로서 우수한 성능을 나타내는 특징이 있으나, 취성이 커서 진동이나 충격에 약한 단점에 주의 하여야 한다. 초경합금은 탄소강의 샹크(shank)에 경납땜을 하여 사용하게 되므로, 열팽창계수가 강과 상이하여 절삭열로 인한 파손이나 연삭시 국부적인 발열에 의해 미세한 균열이 발생하여 바이트의 수명에 영향을 줄 수 있으므로 주의하여야 한다.

[표 2.8] 초경합금의 종류별 특성

분류	공작물	성 분	특 성
P종	유동형 칩의 재질	WC, TiC, TaC, Co	TiC, TaC 등을 함유하고 있어 열적 마모에 강하다
M종	치핑, 크레이터 유발 재질	WC, TiC, TaC, Co	TiC, TaC 함유량을 줄여 기계적 열적 마모에 적당한 강도 보유
K종	칩이 분말상태이거나, 짧게 끊어지는 재료	WC, Co	열에는 강하고 기계적 마모에 약하다

5) 주조 경질합금

스텔라이트(stellite)가 주조 경질합금의 대표 재질이며, 주성분은 초경합금은 W, Cr, Co, Fe 이며 주조 합금이다. 스텔라이트는 상온에서는 고속도강보다 경도가 낮으나 고온에서는 경도가 높아 고속 절삭용으로 사용된다. 850 [°C]까지 경도와 인성이 유지되며, 단조나 열처리가 되지 않는 특징이 있다.

6) 세라믹(ceramic)

산화알루미늄(Al_2O_3) 분말을 주성분으로 Mg, Si 등의 산화물과 미량의 원소들을 첨가하여 소결한 절삭공구이다. 고온경도가 높고, 내마모성이 좋아 초경합금보다 빠른 절삭속도로 절삭이 가능하며 백색, 분홍색, 회색, 흑색 등이 있으며, 도자기 성분이므로 가볍다. 단점으로는 초경합금보다 인성이 적고 취성은 크며, 충격이나 진동에 약하다.

세라믹은 용접이 불가능하여 홀더를 사용해야 하며, 홀더에는 인장력과 굽힘 모멘트가 작용하고, 세라믹에는 압축력과 내마모성이 작용하도록 설계하는 것이 효율적이다. 고속 다듬질에 우수한 성능을 나타내며, 중절삭(重切削)이나 냉각제 사용은 파손되기 쉽다.

7) 서멧(cermet)

서멧 커터는 WC보다 경도 및 고온 특성이 우수한 TiCN을 주성분으로 한 절삭공구로서, TiC를 주성분으로 한 종래의 서멧에 비하여 인성을 부여하였으며, 초경합금보다 고속 절삭이 가능하고 공구 수명이 길다.

8) 다이아몬드(diamond)

다이아몬드는 현존하는 커터 재질 중에서 가장 경도가 높고 내마모성이 크며, 절삭속도가 빠르고 절삭능률이 우수한 절삭공구로서 경질고무, 베이클라이트(bakelite), AL 및 그 합금, 황동 등의 절삭에 매우 높은 절삭능률을 보인다. 특히, 초정밀 완성가공 및 연삭숫돌의 보정(dressing & truing), 유리 가공에도 사용된다. 단점으로는 취성이 커서 깨지기 쉽고 값이 비싸며 가공이 어려워 조형성이 나쁜 것이 단점이며, 다이아몬드의 일반적인 특성을 다음에 나타내었다.

① 경도가 매우 높다. (HB 700)
② 열팽창이 적다. (강의 약 12%)
③ 열 전도율이 높다. (강의 약 12배)
④ 공기 중에서 815 [°C]로 가열하면 CO_2가 된다.
⑤ 금속에 대한 마찰계수 및 마모율이 적다.
⑥ 장시간 고속으로 절삭이 가능하다.
⑦ 정밀하고, 표면거칠기가 우수한 가공면을 얻을 수 있다.
⑧ 날끝이 손상되면 복원이 어렵다.

9) 질화 붕소(CBN ; cubic boron nitride)

CBN은 자연계에 존재하지 않는 인공 합성 재료로서 다이아몬드의 2/3배의 경도를 가지며 미소 분말을 초고온(2000[°C]) 초고압(5만 기압 이상)으로 소결한 것이며, 현재 많이 사용되고 있는 절삭공구 재료이다. 절삭열이 많이 발생하는 고온가공에도 이상적인 조건을 갖추고 있으며, 난삭재, 고속도강, 담금질강, 내열강 등의 절삭이 가능하다.

10) 피복 초경합금

피복 초경합금 공구는 TiC, TiCN, TiN, Al_2O_3 등을 2 ~ 15[㎛]의 두께로 피복한 것으로 인성이 우수한 초경합금에 내마모성과 내열성을 더욱 향상시킨다. 현재 커터의 피복 방법으로는 화학적 증착법(CVD ; chemical vapor deposition)과 물리적 증착법(PVD ; physical vapor deposition)을 이용하며, 피복 방식으로 재처리 된 커터들은 내마모성 면에서 비교적 적은 비용으로 큰 효과를 얻게 된다.

제3장 선 반

3.1 선반의 개요

(1) 선반 가공의 종류

선반(lathe) 가공은 주축(spindle)에 장착된 척(chuck)에 공작물(work piece)을 고정하여 회전시키고 공구대(tool post)에 설치된 커터(cutter)인 바이트(bite)에 절삭 깊이와 이송(feed)을 주어 공작물을 원통형의 모양으로 가공하는 공작기계로서 가장 많이 활용되고 있다. 선반가공의 종류로는 외경가공, 내경가공, 테이퍼(taper)가공, 나사가공, 곡면가공 등 기본형의 가공법과 총형가공, 릴리빙(relieving)가공, 모방가공, 드릴링(drilling), 너얼링(knurling) 등 다양한 가공을 할 수 있다. 그림은 선반의 기본적인 가공법을 정리하였다.

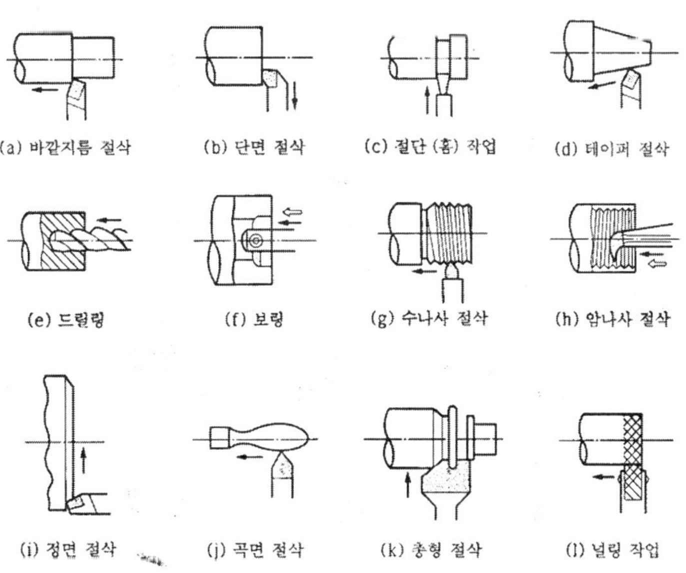

그림 3.1 선반가공의 종류

(2) 선반 종류와 규격표시

1) 선반의 종류

① 보통 선반

보통선반(engine lathe)은 선반 중에서 가장 많이 사용되는 것으로 각종 선반의 기준이 되고 있으며, 동력원에 따른 발전단계를 보면 초기에는 사람의 힘을 이용하는 수족 선반에서 증기기관을 이용한 엔진 동력을 이용하면서 붙여진 이름이며, 현재는 전기적 에너지인 전동기를 이용한다. 커터 재료의 발전과 생산성이 중요시 되면서 고속 중절삭에 충분히 견딜 수 있는 구조와 종류별로 CNC화 되어가고 있다.

그림은 공작기계의 기본적인 구조와 기능을 보유한 대표 공작기계인 보통선반이다.

그림 3.2 보통 선반(engine lathe)

② 탁상 선반

탁상 선반(bench lathe)은 테이블 위에 설치할 만큼 소형인 선반으로 베드(bed)의 길이가 900[mm]이하, 스윙(swing) 200[mm] 이하의 규격으로 시계부품, 소형 기계장치 부품, 시계부품 등 주로 소형의 부품을 가공한다.

③ 터릿 선반

터릿 선반(turret lathe)은 일반 선반의 심압대 위치에 터릿(turret)이라는 회전식 공구대를 장착하여 간단한 형상의 부품을 대량 생산하도록 설계된 선반으로 그림은 터릿 선반의 레이아웃(layout)을 나타내었다.

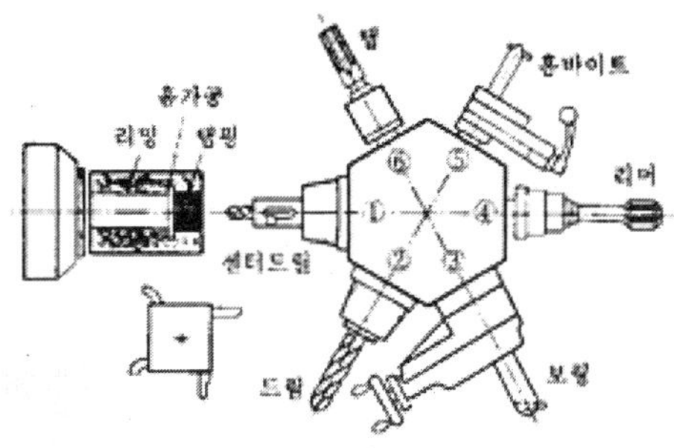

그림 3.3 터릿 선반(turret lathe)

터릿 선반은 작업 초기의 공정에서는 커터 등을 세팅(setting)하는 시간이 많이 소요되지만, 세팅이 끝나면 측정이 필요 없어 숙련공이 아니라도 쉽고 빠르게 가공할 수 있다. 터릿의 모양은 그림처럼 육각형이 많이 사용되며 드럼(drum)형도 있다.

공작물은 콜릿 척(collet chuck)을 사용하여 고정하게 되고 길이가 긴 공작물을 가공하고 마지막 공정으로 절단하여 완성한다.

④ 자동 선반

자동 선반(automatic lathe)은 캠(cam)이나 유압을 이용하여 가공을 자동화 한 대량생산용 선반으로 선반의 조작을 한번 세팅해 놓으면 부품이 자동으로 연속 가공되는 형식으로 CNC 선반의 전단계로 볼 수 있다.

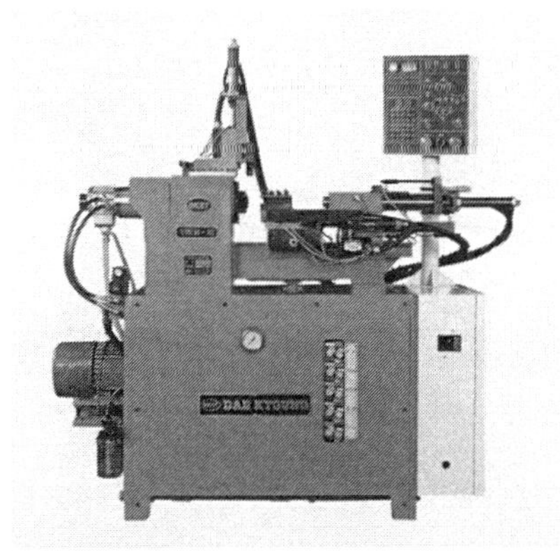

그림 3.4 자동 선반(automatic lathe)

자동 선반은 부품이 자동으로 가공되기 때문에 작업자 한 사람이 다수의 기계를 운용할 수 있으며, 주로 핀(pin), 볼트(bolt), 시계 부품, 자동차 부품 등을 대량 생산용이다.

⑤ 수직 선반

수직 선반(vertical lathe)은 대형 공작물이나 불규칙한 공작물을 가공하기 편리하도록 주축의 척(chuck)을 지면과 평행하게 수직 방향으로 설치하여 공작물의 장착과 탈착을 편리하게 하였다.

공작물이 수직 방향으로 설치됨으로 바이트 또한 상하로 이송절삭을 하게 된다.

그림 3.5 수직 선반(vertical lathe)

⑤ 모방 선반

모방 선반(copy lathe)은 그림처럼 자동 모방 장치를 이용하게 되는데 모형이나 형판(templete)을 따라 트레이서(tracer)가 이동하면, 바이트가 동일한 형상으로 움직여 모형이나 형판을 복제하여 가공하는 방식의 선반이다.

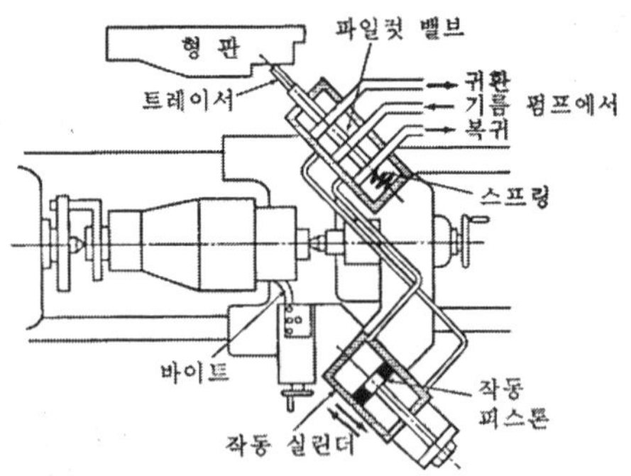

그림 3.6 모방 선반(copy lathe)

⑥ 정면 선반

정면 선반(face lathe)은 대형 차량의 바퀴(wheel) 처럼 직격이 크고 길이가 짧은 공작물을 절삭하기에 편리하도록 만든 선반이며, 베드의 길이가 짧거나 심압대가 없는 경우가 많다. 단면가공 등 가공 중에 공작물의 직경차가 많이 발생하기 때문에 절삭속도를 일정하게 유지하기 위하여 무단 변속 방식을 사용하였다.

그림 3.7 정면 선반(face lathe)

⑦ CNC 선반

CNC 선반(CNC lathe)은 그 보급율이 급속히 증대되면서 현대에 가장 많이 사용되고 있는 선반으로서 자동생산의 기저가 되고 있으며, 범용 선반의 활용도는 극히 제한적일 수 밖에 없다. 가공에 필요한 절삭조건과 공정 등을 수치와 부호로 프로그램(programing)하여 컴퓨터에 입력시키고, 그 프로그램의 지령에 따라 자동으로 부품을 가공하게 되며, CNC (computer numerical control) - DNC(direct numerical control) - 공장 자동화 – 무인 자동화의 단계로 발전되고 있다.

그림 3.8 CNC 선반(CNC lathe)

⑧ 기타 전용 선반

현대의 전용 생산 시대의 흐름에 따라 선반 또한 가공 분야별로 전용화 되고 있으며, 차축 선반(axil lathe), 차륜 선반(wheel lathe), 크랭크 축 선반(crank shaft lathe), 다인 선반(multi cut lathe) 등 전용기 성격의 선반이 있다.

2) 선반의 규격 표시

보통 선반의 규격을 나타내는 방법은 선반의 종류에 따라 다소 다르지만 일반적으로는 다음의 방법을 따른다.

① 스윙(swing) : 가공 가능한 공작물의 최대 지름

② 양 센터(center)간의 최대거리

③ 베드의 길이

3.2 선반의 구조

(1) 선반의 각부 명칭

선반의 종류가 다양하고, 제작 회사에 따라 다소 차이가 있으나 일반적인 각부 명칭은 그림과 같다.

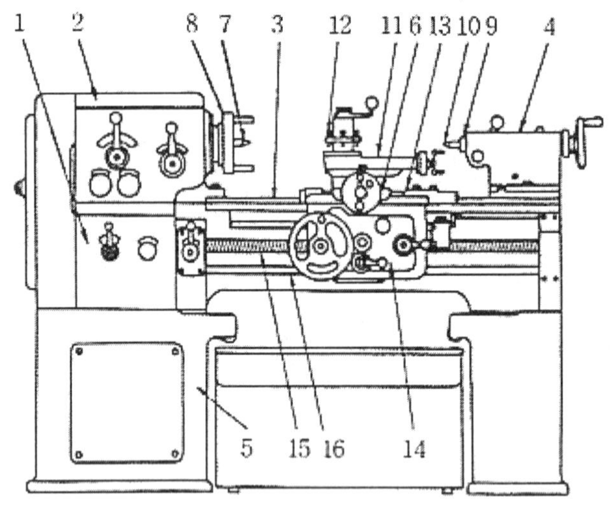

1) 이송변환 기어박스(gear box)
2) 주축대
3) 베드(bed)
4) 심압대
5) 다리
6) 왕복대
7) 회전 센터(live center)
8) 돌림판 / 척(chuck)
9) 심압대 축
10) 정지 센터(dead center)
11) 복식 공구대
12) 공구대
13) 새들(saddle)
14) 에이프런(apron)
15) 리드 스크류(lead screw)
16) 이송 축(feed rod)

그림 3.9 선반의 각부 명칭

(2) 선반의 주요 부분

선반을 구성하고 있는 4개의 중요 부분은 주축대(head stock), 왕복대(carriage), 심압대(tail stock), 베드(bed)이며, 현대에는 CNC화, 고속화, 고정밀도화 및 중절삭에 견딜 수 있는 구조로 발전되고 있다.

그림 3.10 선반의 중요 부분

1) 주축대

주축대(head stock or main stock)는 선반의 엔진에 해당하는 동력원과 변속기어 및 변속장치 등이 내장되어 있으며, 척(chuck)을 포함한 주축(spindle) 부분으로 길이가 긴 공작물의 장착을 위해 중공(中空)으로 되어 있다.

주축의 성능은 선반의 성능을 나타내므로 매우 중요하고 정밀도, 강성 및 안전성이 확보되어야 한다.

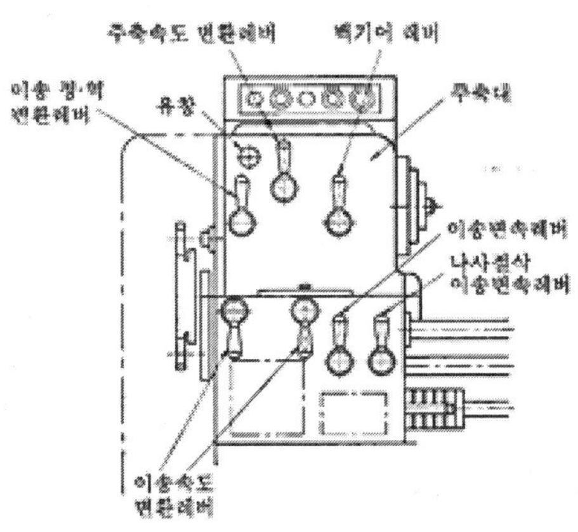

그림 3.11 선빈의 주축대

2) 왕복대

왕복대(carriage)는 베드 위에 놓이며, 바이트의 장착과 절삭을 위한 이송을 담당하는 부분으로서 에이프런(apron), 새들(saddle), 공구대(tool post)가 순서대로 놓인다.

또한 왕복대 내에는 나사 절삭을 위한 어미나사(lead screw), 자동 이송을 위한 이송축(feed rod)으로 이송기구를 포함하고 있다.

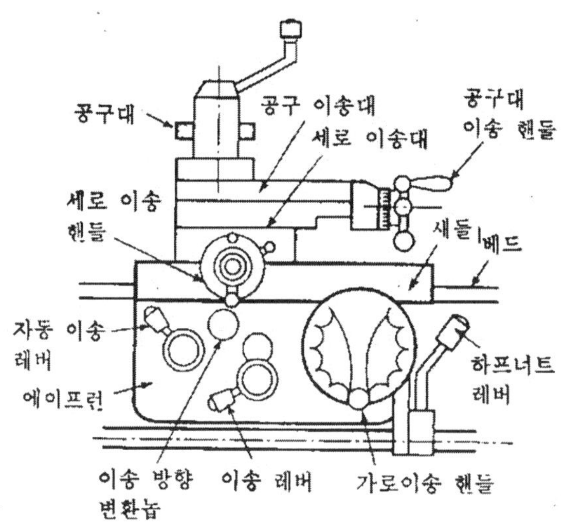

그림 3.12 선반의 왕복대

3) 심압대

심압대(carriage)는 베드 끝부분 작업자의 맨 오른쪽에 놓이며, 모오스 테이퍼(morse taper) 중공(中空) 축으로 되어 있어 정지 센터를 장착하여 공작물을 지지하여 떨림을 방지하거나, 드릴(drill), 리이머(reamer), 센터 드릴(center drill) 등을 장착하면 공작물 중앙에 구멍(hole) 가공을 할 수 있다.

또한 심압대 센터(dead center)를 인위적으로 편위 시켜 양 센터를 이용한 절삭 방법으로 길이가 긴 테이퍼(taper)를 가공할 수 있는데 그 편위량은 아래와 같이 계산한다.

$$\text{심압대편위량 } x = \frac{(D-d)\times L}{2l}\ [mm]$$

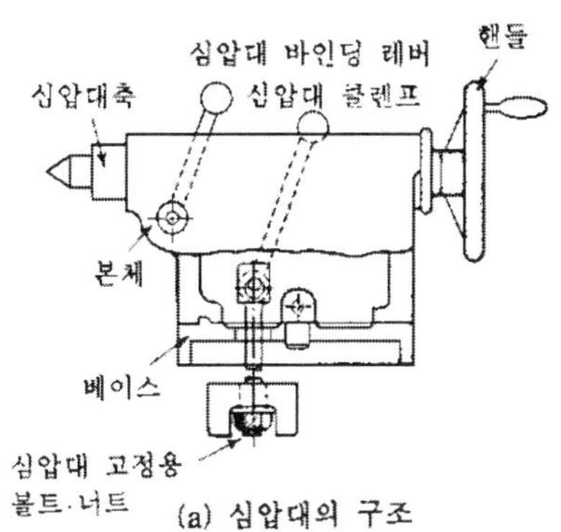

그림 3.13 선반의 심압대

4) 베드(bed)

베드(bed)는 중간에 리브(lib)로 보강된 부분으로서 왕복대의 미끄럼 안내면(slide guide)이 주 기능이면서 가공정밀도 특히 기하공차에 영향을 미치게 된다.

따라서 베드는 주축대의 축의 원심력, 절삭력, 왕복대의 중량 등에 의하여 진동이나 휨(bending)이 발생할 수 있으므로 충분한 강도가 요구되며, 내마모성이 필요하여 주조 및 가공 후 시효경화(seasoning or hardening) 등 충분한 열처리를 해주어야 한다.

베드의 단면 형상은 평형 단면을 가진 영국식과 산형 단면의 미국식이 있으나 혼합형이 많이 사용되고 있다.

3.3 선반용 절삭공구

(1) 바이트의 형상과 주요각도

1) 바이트의 형상

선반 가공에 사용되는 커터를 바이트(bite)라 하며, 공구대에 장착되고 자루부분(shank)과 절삭날 부분으로 나눌 수 있으며, 날 부분의 주요 형상은 다음과 같다.

① 날끝(nose) : 주절인과 부절인이 만나는 매우 날카로워 파손의 위험이 있으므로 바이트의 수명을 연장하기 위해 반지름 0.2 ~ 1.6[mm]정도 라운딩(rounding ; nose 반경) 처리를 한다.

② 경사면(rake face) : 절삭된 칩이 흘러가는 면으로서 바이트의 윗면에 해당한다.

③ 여유면(flank) : 공작물과 바이트 사이의 마찰을 줄이기 위한 경사면으로서 주절인 및 부절인에 해당하는 2개의 여유면이 있다.

④ 주절인(major cutting edge) : 바이트 측면에 형성되는 인선이며, 절삭 깊이만큼 접촉되는 가장 중요한 절인각이 된다.

⑤ 부절인(minor cutting edge) : 바이트의 앞쪽으로 형성되는 인선이며, 단면가공, 홈가공 및 절단가공에서는 부절인을 이용한 절삭이 주로 이루어진다.

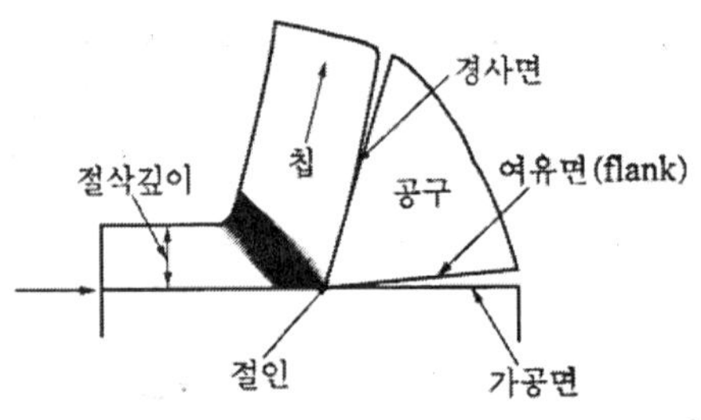

그림 3.14 경사면과 여유면

2) 바이트의 주요 각도

선반 바이트의 각도는 가공면의 표면거칠기, 가공정밀도, 바이트의 수명, 절삭력 및 절삭 효율 등에 미치는 영향이 매우 크기 때문에 가공법, 공작물의 재질, 바이트의 재질 등 절삭 조건에 따른 적정한 각도의 것을 사용해야 한다.

① 경사각(rake angle) : 인선과 경사면이 이루는 각도이며 주로 절삭칩의 흐름에 영향을 미치게 되므로 경사각 부분에 칩 브레이커(chip breaker)를 설치하기도 한다. 바이트와 공작물의 재질에 따라 각도 값이 결정되는데 보통은 여유각에 비하여 작은 각도 값(10° 이내)을 갖는다.

② 여유각(relief angle or clearance angle) : 여유각은 바이트와 커터의 마찰을 줄이기 위한 각으로, 인선으로부터 여유면으로 이어지는 경사이다. 일반적으로 연한 공작물일수록 여유각을 크게 만들며, 여유각이 크면 클수록 인선의 강도는 약해지게 되므로 다양한 절삭 조건에 최적화된 각도를 선택해야 한다.

③ 절삭각(절인각 ; cutting edge angle) : 주조품 단조품 등 단단한 재료를 가공할 때 바이트의 인선을 보호하기 위한 각으로 설치각(setting angle)과 같은 효과를 나타내며, 측면 절삭각과 전면 절삭각으로 구분된다.

(2) 바이트의 종류

1) 제작 과정에 따라

① 완성 바이트(ground bite)

② 단조 바이트(forged bite)

③ 용접 바이트(welded bite)

④ 비트 바이트(bit bite)

2) 바이트 구조에 따라

① 단체 바이트(solid bite)

② 팁 바이트(tip bite)

③ 크램프 바이트(clamp bite ; holder bite ; insert tip bite)

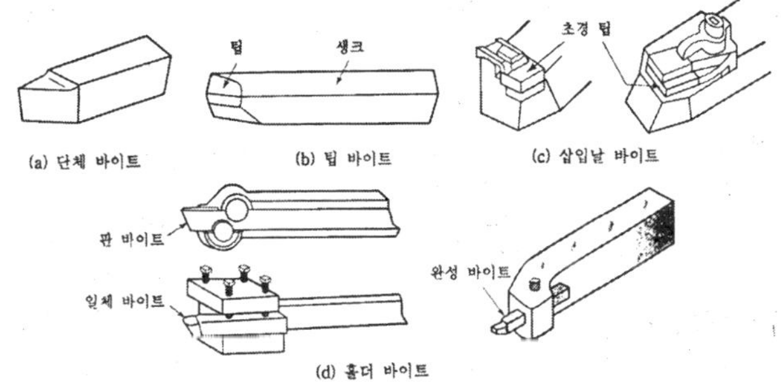

그림 3.15 바이트의 종류(구조)

3) 가공 용도에 따라

가공 용도에 따른 바이트의 종류는 그림으로 정리하였다.

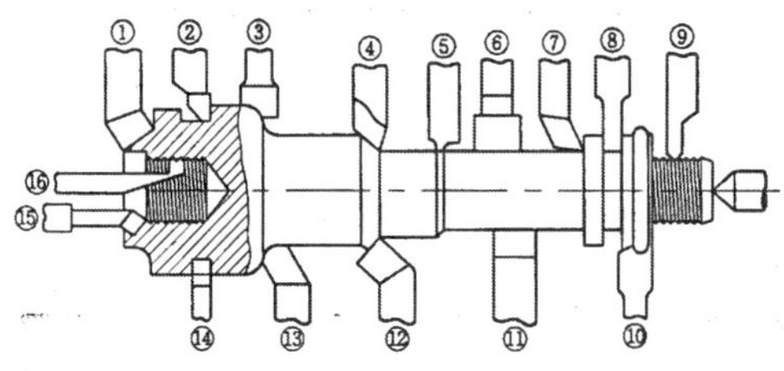

① 오른쪽 황삭 바이트, ② 오른쪽 편인 바이트, ③ 총형 바이트, ④ 왼쪽 황삭 바이트, ⑤ 검 바이트, ⑥ 스프링 바이트, ⑦ 우각 황삭 바이트, ⑧ 절단 바이트, ⑨ 수나사 바이트, ⑩ 총형 바이트, ⑪ 원형 완성 바이트, ⑫ 굽은 오른쪽 바이트, ⑬ 굽은 환선 바이트, ⑭ 홈 절삭 바이트, ⑮ 보링 바이트, ⑯ 암나사 바이트

그림 3.16 바이트의 종류(가공 용도)

(3) 가공면의 표면거칠기

선반 가공에서 가공면의 표면거칠기는 바이트의 노즈 반경(nose radious)과 이송속도의 절대적 영향을 받는데, 노즈 반경을 r[mm], 이송속도를 S[mm/rev]라 하면 가공면의 이론적인 최대높이 Hmax[mm]는 다음 식으로 계산된다.

$$Hmax = \frac{S^2}{8r}\ [mm]$$

3.4 선반용 부속품

(1) 센터(center)

센터(center)는 길이가 긴 공작물을 고정할 때 주축 또는 심압대 축에 모오스 테이퍼(morse taper)로 미끄럼 장착하고 공작물을 지지. 고정하여 공작물의 떨림을 방지하는 역할로 사용된다. 주축에 설치하는 센터를 회전 센터(live center), 심압대에 설치하는 센터를 정지 센터(dead center)라 하며, 센터 선단의 일반적인 각도는 60°이다.

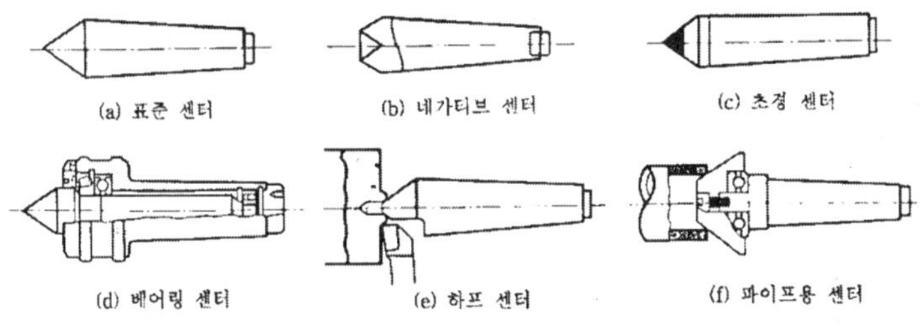

그림 3.17 센터의 종류

(2) 면판(face plate)

면판(face plate)은 척에 고정할 수 없는 불규칙하거나 환봉 형태가 아닌 복잡한 가공물을 볼트나 크램프(clamp) 또는 앵글 플레이트(angle plate)로 고정하는데 사용되는, “이형 공작물 고정용 특수 척”의 개념이다.

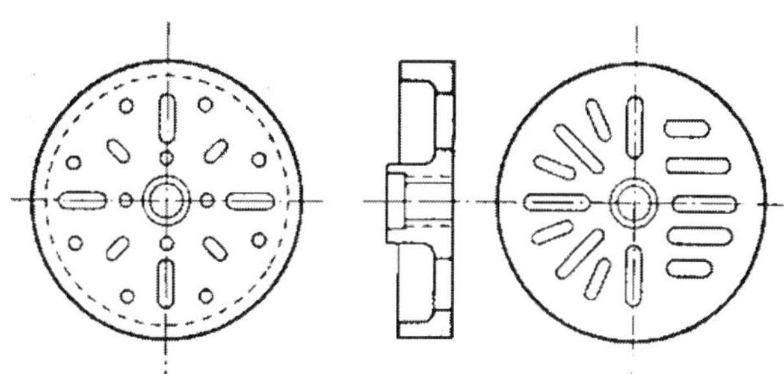

그림 3.18 면판(face plate)

(3) 척(chuck)

선반 작업에서 공작물을 고정하는데 가장 많이 사용되는 부속품이며, 기본적으로는 단동척과 연동척이 사용된다.

단동척은 4개의 죠(jaw)가 개별로 움직이기 때문에 조임력이 강하고 편심가공을 할 수 있다. 반면 연동척(scroll chuck)은 3개의 죠가 동시에 움직이기 때문에 원통형의 공작물을 쉽고 빠르게 장. 탈착할 수 있으나 조이는 힘이 약하다.

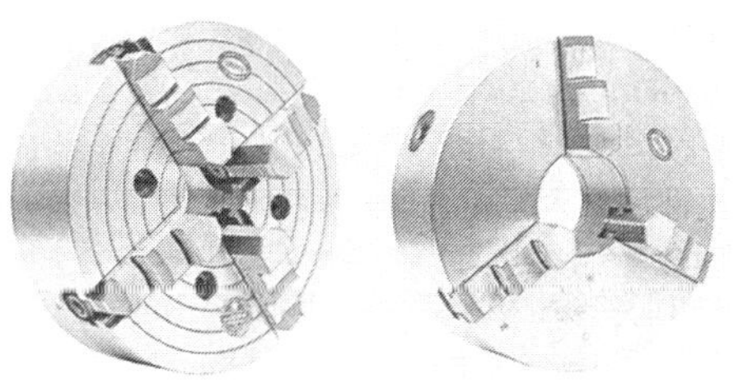

그림 3.19 단동척 연동척

기타 공기 척과 유압 척(air chuck & hydraulic chuck)은 CNC선반에 사용되며, 작은 직경의 공작물을 쉽게 고정하기 위한 콜릿 척(collet chuck)이 있으며, 단동척과 연동척의 기능을 혼합한 복동척(combination chuck)도 사용된다.

(4) 돌림판(driving plate)과 돌리개(tail dog)

돌림판(driving plate)과 돌리개(tail dog)는 길이가 긴 공작물 또는 동축도가 중요한 축(shaft) 형상의 공작물을 정밀하게 절삭하기 위하여 척을 제거하고, 회전센터와 정지센터를 이용한 양센터 작업에서 공작물에 회전력을 전달해 주는 장치이다. 돌리개는 그림처럼 모양에 따른 다양한 종류가 있다.

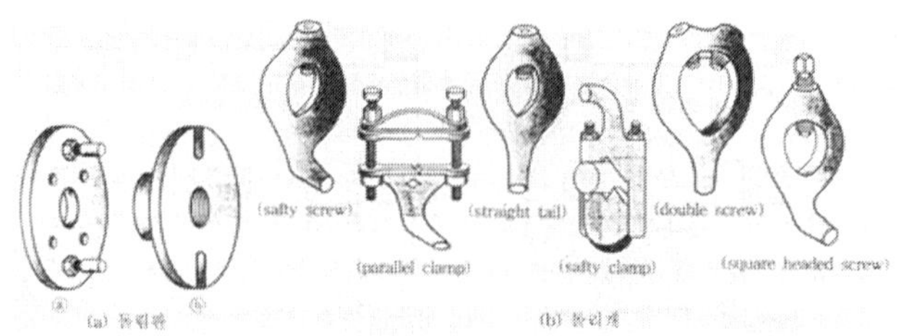

그림 3.20 돌림판과 돌리개

(5) 심봉(mandrel)

심봉(mandrel)은 바퀴(wheel), 기어(gear), 벨트 풀리(belt pulley) 등 보스(boss) 형상의 공작물을 가공할 때, 구멍을 먼저 가공하고 구멍에 심봉을 끼워 양 센터 작업으로 공작물을 절삭하도록 하는 부속품이며, 그림에 심봉의 종류와 사용 예를 정리하였다.

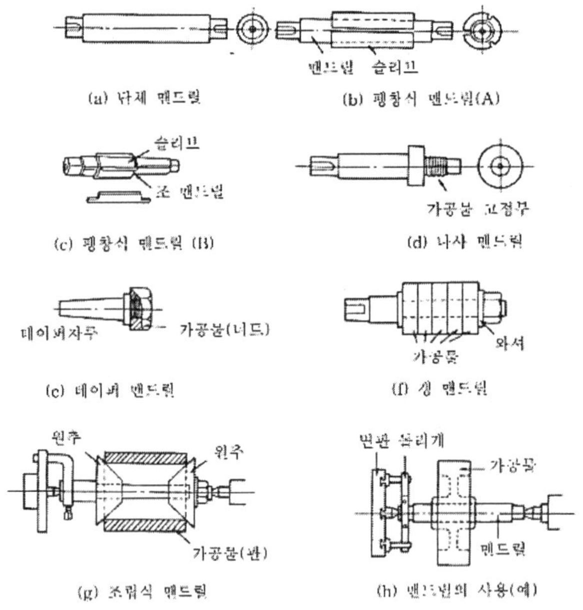

그림 3.21 심봉의 종류와 사용 예

(6) 방진구(work rest)

방진구(work rest)는 공작물의 길이가 지름의 20배가 넘는 경우 진동을 방지하기 위해 사용하는 것으로, 절삭가공을 진행하는 동안 절삭력과 자중에 의하여 공작물 중앙으로 갈수록 원심력에 의해 진동과 휨이 증가하게 된다. 이를 방지하기 위해 선반의 베드에 장착하는 고정식 방진구 또는 왕복대에 장착하는 이동식 방진구를 사용하게 된다.

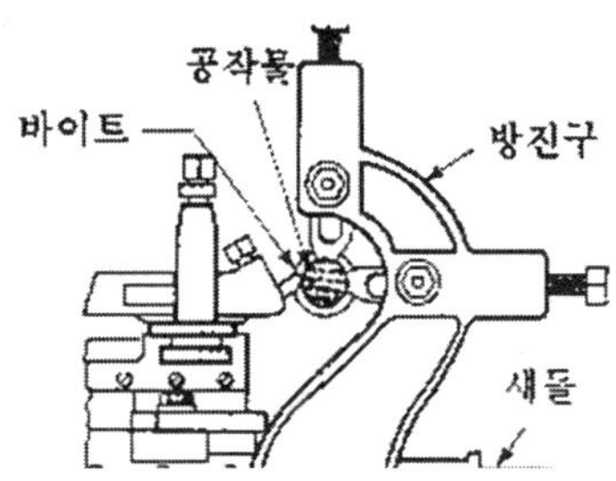

그림 3.22 이동식 방진구

(7) 테이퍼 절삭장치

선반에서 테이퍼를 절삭하는 방법은 표준적인 방법으로 세 종류가 있다.

① 복식 공구대를 경사 시키는 방법(테이퍼 길이가 짧을 때)

$T = \dfrac{D-d}{2}$ [테이퍼 값] $\tan\alpha = T,\ \alpha = \tan^{-1} T$ [deg]

② 심압대를 편위 시키는 방법(테이퍼 길이가 길 때)

심압대편위량 $x = \dfrac{(D-d) \times L}{2l}$ $[mm]$

③ 테이퍼 절삭장치를 이용하는 방법(정밀 테이퍼를 가공할 때)

그림의 테이퍼 절삭장치에서와 같이 안내판의 각도를 조정하고 안내 블록을 가로 이송대에 고정하면, 정밀도가 높은 테이퍼를 보다 쉽게 가공할 수 있다.

테이퍼 절삭장치의 사용하게 되면, 공작물 길이에 관계없이 동일한 테이퍼로 가공할 수 있는 것과 넓은 범위의 테이퍼를 가공할 수 있다는 장점이 있다.

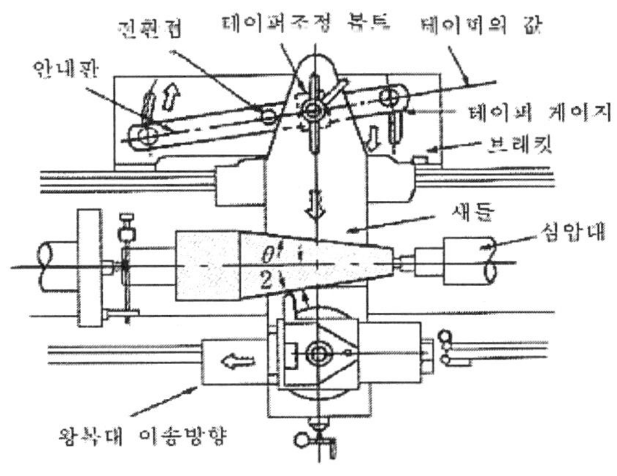

그림 3.23 테이퍼 절삭장치

3.5 선반 가공

(1) 원통 가공

1) 절삭속도와 회전수

$$V = \frac{\pi D n}{1000}\ [\text{m/min}]$$

V : 절삭 속도

D : 공작물의 직경[mm]

n : 회전수[rpm]

$$n = \frac{1000\,V}{\pi D}\ [\text{rpm}]$$

※ 절삭속도 및 회전수 계산식은 모바일 장치의 속도 계산에도 적용된다. 공작물의 직경 대신 휠의 직경을 대입하여 계산하며, 휠의 직경이 커서 [mm]대신 [m]단위로 입력한다면,

V = π Dn [m/min]으로 단순하게 계산할 수 있다.

2) 가공 시간(절삭 소요 시간)

$$T = \frac{L}{nS} \times i\ [\text{min}]$$

T : 가공 시간[min]

L : 가공 길이[mm]

n : 회전수[rpm]

S : 이송속도[mm/rev]

i : 가공 횟수

(2) 나사 가공

선반에서 나사를 가공하기 위해서는 어미나사의 피치와 가공하고자 하는 나사의 피치를 계산하고, 이에 적합한 변환 기어(change gear)를 장착하여야 한다. 즉, 양쪽(어미나사의 피치 : 공작물 나사의 피치) 나사의 피치 차이를 변화기어의 기어비로 보상하는 것이 원리이며, 그림은 나사 절삭에 대한 원리와 변환기어의 장착 방법인 2단 걸이(단식)와 4단 걸이(복식)를 나타내었다.

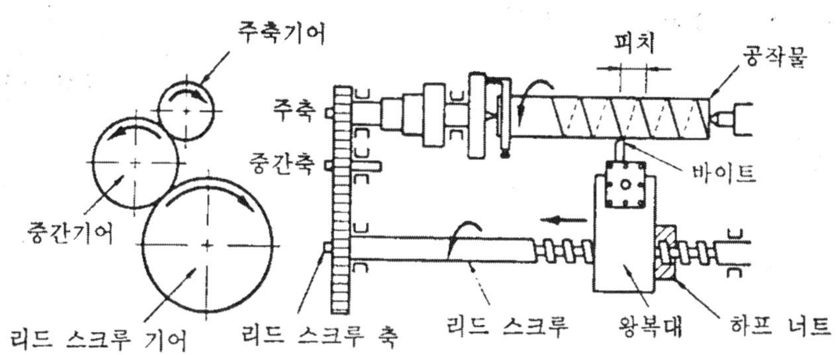

그림 3.24 나사절삭의 원리

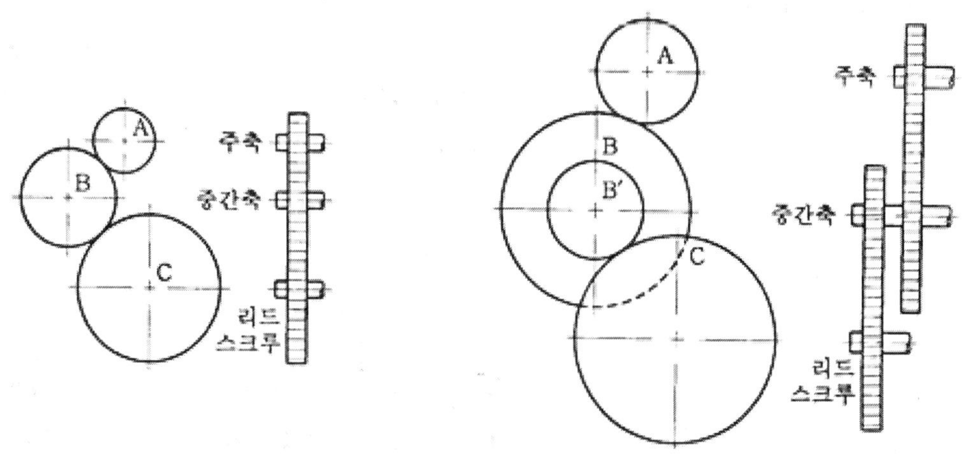

그림 3.25 변환기어의 장착(단식, 복식)

① 어미나사(lead screw)가 미터식인 경우 변환기어의 계산

$\frac{A}{C} = \frac{p}{P}$ [2단걸이 – 단식]

$\frac{A}{B} \times \frac{B'}{C} = \frac{p}{P}$ [4단걸이 – 복식]

p : 공작물 나사의 피치[mm]
P : 리드 스크류의 피치[mm]

※ 2단 걸이(단식)에서 중간 기어인 B기어는 연결의 역할만 하게 되므로, 중간 기어의 잇수는 상관이 없다.

※ 어미나사(lead screw)의 피치와 공작물 나사의 피치 비율이 6 : 1 이상의 경우에는 4단 걸이로 한다.

② 어미나사가 인치식인 경우 변환기어의 계산

$\frac{A}{C} = \frac{T}{t}$ [2단걸이 – 단식]

$\frac{A}{B} \times \frac{B'}{C} = \frac{T}{t}$ [4단걸이 – 복식]

t : 공작물 나사의 피치[인치당 산의 수]
T : 리드 스크류의 피치[인치당 산의 수]

③ 인치식과 미터식이 혼합된 경우

어미나사 또는 공작물 나사의 산의 수를 미터법 방식인 피치[mm]로 변환시켜서 계산한다. 즉, "25.4 ÷ 산의수 = 피치[mm]"로 변환하여 미터법 공식에 대입하여 변환 기어를 계산한다.

따라서 127개 잇수의 변환 기어가 필요하게 된다. (25.4 × 5 = 127)

제4장 밀링 머신

4.1 밀링 머신의 개요

(1) 밀링 머신(milling machine)의 작업 종류

밀링 머신은 주축에 고정된 커터(milling cutter)에 회전운동을 시키고 테이블 상에 고정된 공작물에 절삭 깊이 및 이송을 주어 상대운동을 통해 절삭하는 기계이다. 기계의 구조상 주로 면 가공(face cutting)을 하게 되며 그림에 밀링 작업의 종류를 표시하였다.

그림 4.1 밀링 작업의 종류

(2) 밀링 머신의 규격

니이 컬럼형(knee column type) 밀링 머신이 가장 많이 사용되고 있으며, 밀링 머신의 중요 부분으로는 주축(spindle), 컬럼(column), 니이(knee), 테이블(table) 등 이다. 테이블 위에 고정된 공작물이 전후, 좌우, 상하로 이동할 수 있어 3차원의 가공이 가능하며, 밀링 머신의 규격은 테이블의 크기로 표시하는 경우도 있으나 일반적으로는 호칭 번호로 표시한다.

[표 4.1] 밀링 머신의 규격

호칭번호		0호	1호	2호	3호	4호	5호
테이블의 이송거리 [mm]	전후	150	200	250	300	350	400
	좌우	450	550	700	850	1050	1250
	상하	300	400	450	450	450	500

4.2 밀링 머신의 종류 및 구조

(1) 밀링 머신의 종류

1) 수직 밀링 머신

수직 밀링 머신(vertical milling machine)은 주축의 헤드(head or spindle)가 테이블과 수직의 위치로 되어 있으며 주로 정면 밀링 커터와 엔드밀(endmill) 유형의 커터를 사용한다. 초기에는 수평 밀링이 많이 사용되었으나 커터 재료의 비약적인 발전과 고정구의 발달에 힘입어 밀링 머신의 대표 기계가 되었으며, 머시닝센터 등 CNC 밀링 머신 또한 수직형이 주류를 이룬다. 정밀도가 높고 접근이 편리하여 능률적인 가공을 할 수 있다.

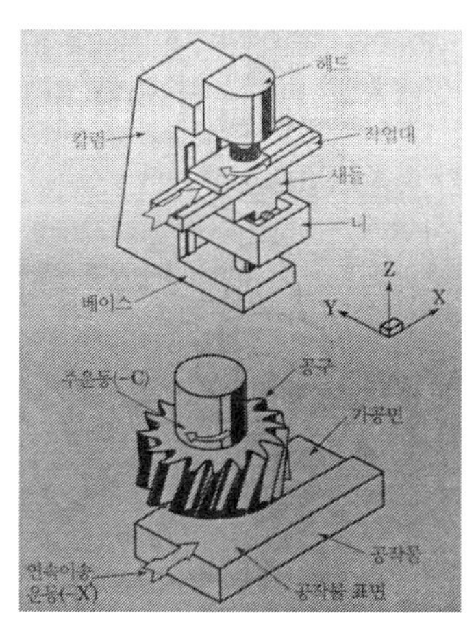

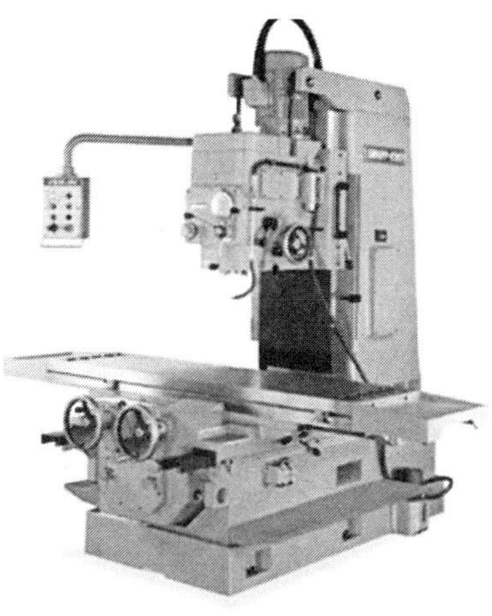

그림 4.2 수직 밀링 머신

2) 수평 밀링 머신

수평 밀링 머신(horizontal milling machine)은 그림처럼 주축(head or spindle)을 테이블과 수평 위치로 설치하여 가공하는 밀링 머신으로, 사이드 커터(saw or side cutter type)류의 절삭이 주를 이룬다. 따라서 아버(arbor)가 주축(spindle) 역할을 하게 되는 구조이며, 커터의 장탈이 매우 불편하여 현대는 특수한 전용 가공분야 외에는 수직 밀링에 자리를 내주게 되었다.

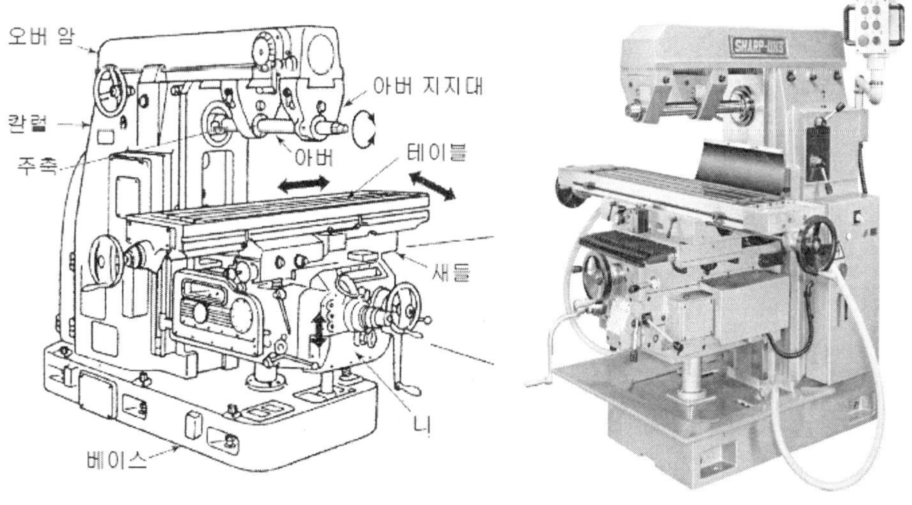

그림 4.3 수평 밀링 머신

3) 만능 밀링 머신

만능 밀링 머신(universal milling machine)은 기본적으로는 수평 밀링 머신과 유사한 구조이나 오버 암(over arm)에 수직밀링 헤드를 장착하여 수평형과 수직형의 변환이 가능하도록 기능을 확장 하였으며, 수직형 상태에서 주축의 선회도 가능하다.

분할대(index) 헬리컬(helical) 절삭장치 등을 사용하게 되면 헬리컬 기어, 트위스 드릴(twist drill)의 비틀림 홈, 스플라인(spline) 등 부드러운 곡면 형상을 가공할 수 있다.

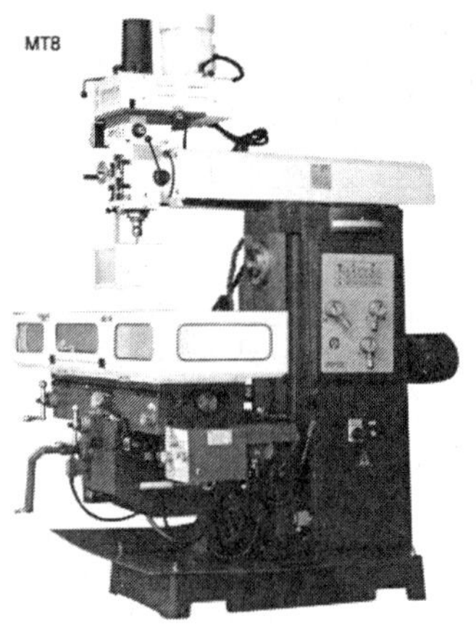

그림 4.4 만능 밀링 머신

4) 플레이너형 밀링 머신

플레이너형 밀링 머신(planer type milling machine)은 플래노밀러(planomiller)라고도 하며 플레이너의 공구대를 밀링 헤드로 바꾸어 장착함으로써 대형의 중량물에 대하여 플레이너보다 효율적이고 강력한 중절삭을 가능하도록 하였다. 주축 헤드가 1개인 단주식과 헤드가 2개인 쌍주식이 있다.

그림 4.5 단주식 플래노 밀러

5) CNC 밀링 머신

CNC 밀링 머신(CNC milling machine)에 ATC(automatic tool change)를 장착하여 "CNC기계의 중심"이라는 의미의 CNC 머시닝센터(CNC machining center)로 발전되면서 그 영역을 넓혀가고 있으며, 현대는 가공 효율을 더욱 높이기 위해 CNC 고속 가공기 및 CNC 5축 가공기 등이 실용화 되었다.

그림 4.6 CNC 밀링 머신

6) 특수 밀링 머신

① 공구 밀링 머신(tool milling machine) : 수평 밀링 머신과 유사하며 복잡한 형상의 지그(jig), 게이지(gauge), 다이(die) 등을 가공하는 소형 밀링 머신이다.

② 나사 밀링 머신(thread milling machine) : 나선 절삭 전용 밀링으로 가공능률이 우수하고, 작동이 간편하며, 정밀한 나사면을 얻을 수 있다.

③ 모방 밀링 머신(copy or profile milling machine) : 모방 장치를 이용하여 금형부품 등 복잡한 형상을 능률적으로 가공할 수 있다.

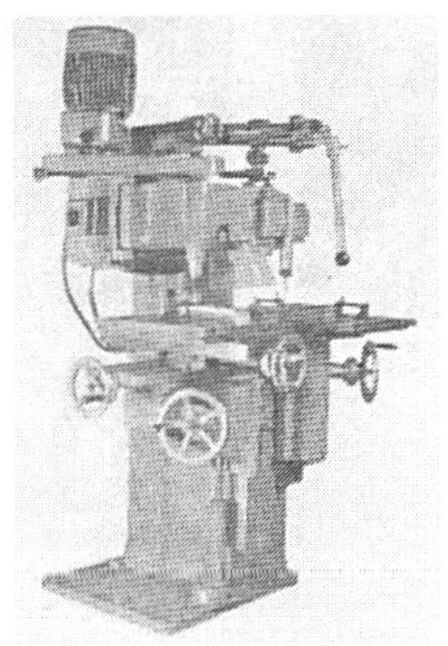

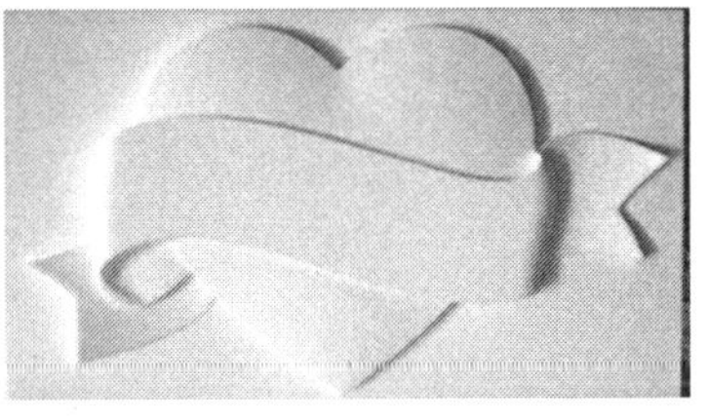

그림 4.7 모방 밀링 머신

(2) 밀링 머신의 구조

밀링 머신의 주요 구조는 다음과 같다.

① 컬럼(column) : 상하 이송의 안내면

② 니이(knee) : 전후 이송의 안내면

③ 새들(saddle) : 좌우 이송의 안내면(테이블이 장착됨)

④ 주축(spindle) : 수직 밀링 머신에서 커터를 장착한다.

퀵 체인지 어댑터(quick change adapter) - 콜릿 척(collect chuck) - 엔드밀(endmill) 순서로 장착 된다.

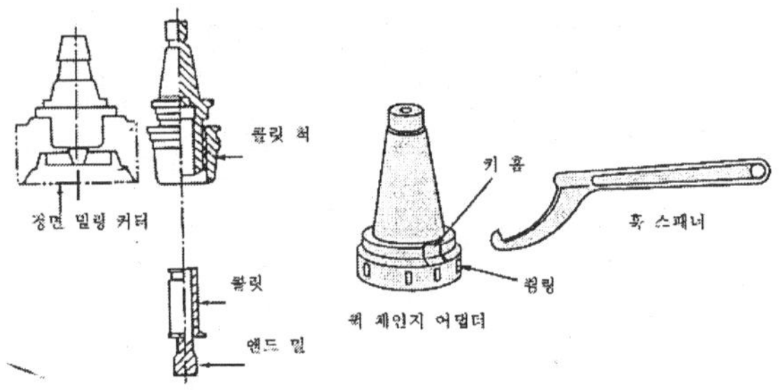

그림 4.8 Quick change adapter

⑤ 아버(arbor) : 수평 밀링 머신에서 커터를 장착한다.

엔드 칼라(end collar) - 칼라 - 커터(side cutter) - 칼라 - 아버 너트(arbor nut)의 순서로 장착된다.

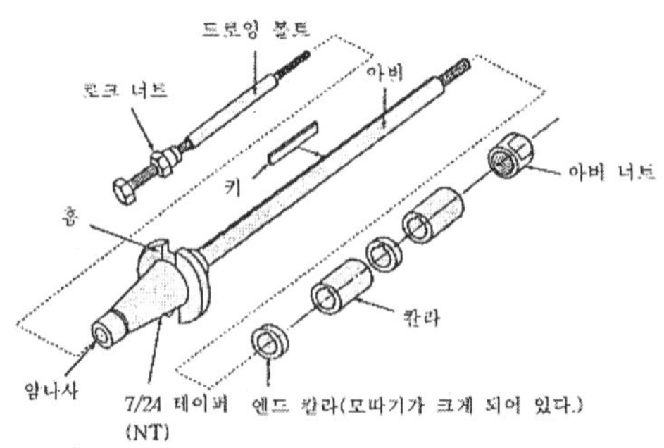

그림 4.9 Arbor & accessory

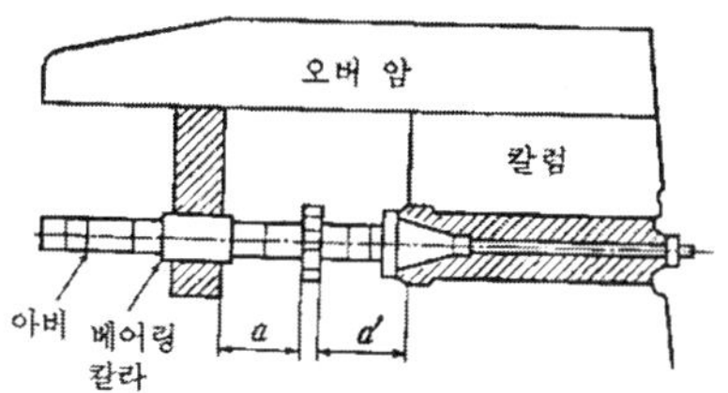

그림 4.10 Arbor와 커터 장착

4.3 밀링 머신의 부속장치

밀링 머신에 다양한 부속장치를 장착함으로써 단순한 면 가공에서 벗어나 등분 가공 헬리컬(herical) 가공 등 다양한 가공을 할 수 있게 된다.

1) 밀링 바이스(milling vise)

밀링 바이스(milling vise)는 밀링 테이블의 홈에 T볼트로 장착되어 비교적 소형의 공작물을 편리하게 고정하는데 사용된다. CNC 밀링 머신에서 많이 사용되고 있으며, 대형의 공작물은 테이블에 직접 장착하기도 한다.

2) 분할대

분할대(indexing head or dividing head)는 테이블 위에 장착되며, 필요한 수 또는 각도 만큼의 등분 작업에 사용되는 부속품이다. 기어 가공처럼 원주를 일정한 수만큼 등분(indexing divide)하는데 사용한다.

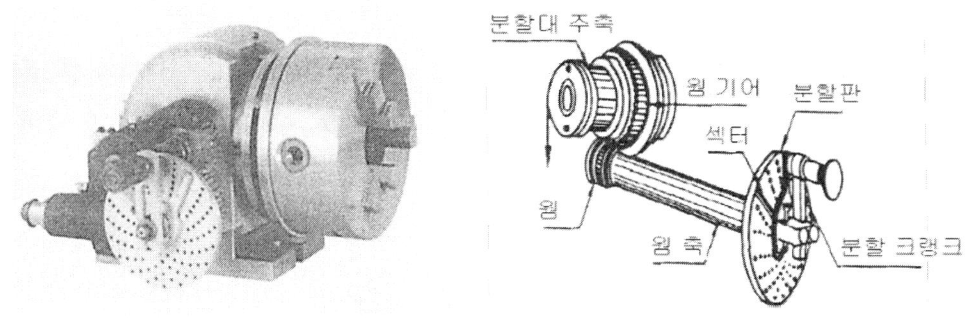

그림 4.11 분할대(index head)

3) 회전 테이블

회전 테이블(circular table)은 그림처럼 밀링 머신에서 원형 윤곽가공, 간단한 등분작업 등에 사용된다.

그림 4.12 회전 테이블

4) 슬로팅 장치

슬로팅 장치(slotting attachment)는 그림과 같이 니이형 밀링 머신 컬럼에 설치하여, 주축의 회전운동을 직선운동으로 변환시켜 보스(boss)의 내면에 키이(key) 홈, 스플라인(spline), 세레이션(serration) 등을 가공하는 장치이다. 즉, 밀링 머신에서 바이트 형상의 커터를 사용할 수 있도록 한다.

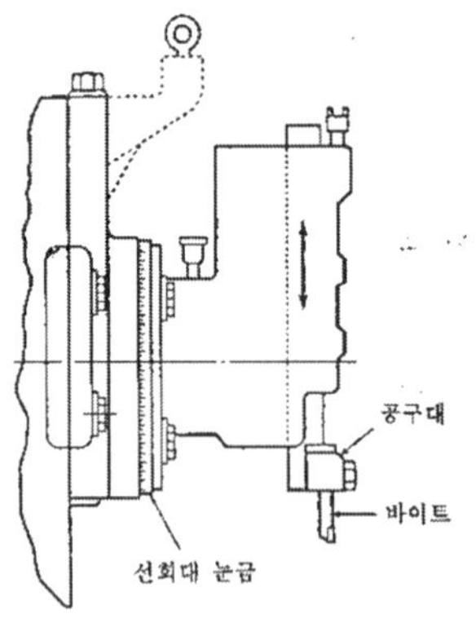

그림 4.13 슬로팅 장치

5) 래크 절삭 장치

그림은 래크 절삭 장치(slotting attachment)를 나타낸 것으로 직선 기어인 래크 기어(rack gear)를 절삭하도록 한 것이다. 공작물의 고정은 특수 바이스 등을 사용하며, 다양한 피치(pitch)에 맞게 절삭이 가능하도록 되어 있다.

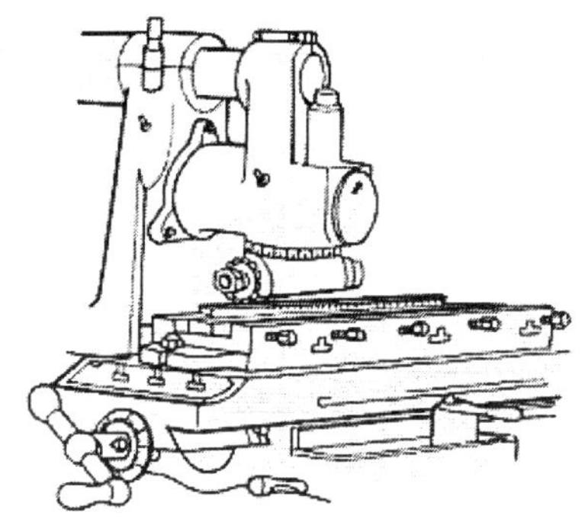

그림 4.14 래크 절삭 장치

4.4 밀링 커터와 절삭 이론

(1) 밀링 커터의 분류

밀링 커터는 여러 개의 절삭날을 갖는 다인공구를 주로 사용하기 때문에 단인공구 보다 우수한 절삭성능을 나타낸다. 밀링 커터는 그 종류가 많아 체계적으로 분류하기는 곤란하며, 일반적으로 수평 밀링 커터와 수직 밀링 커터로 대별되므로 그림으로 정리하였다.

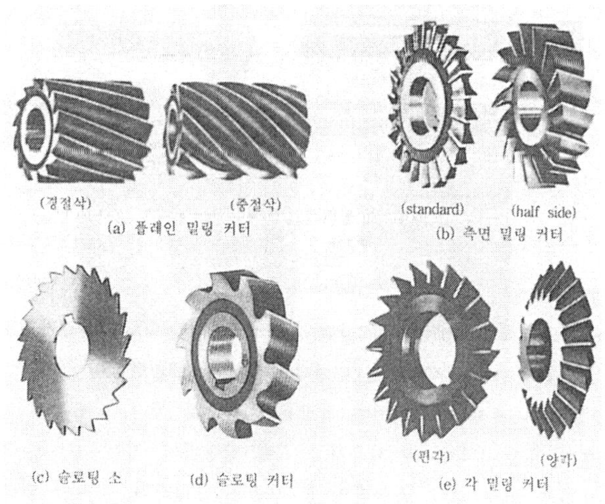

그림 4.15 수평 밀링용 커터

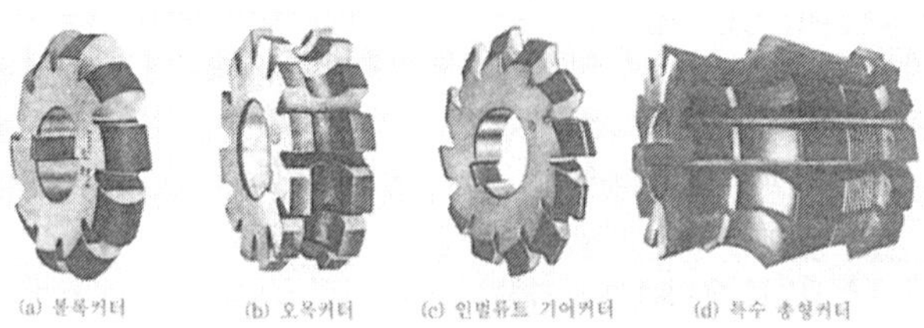

그림 4.16 수평 밀링용 총형 커터

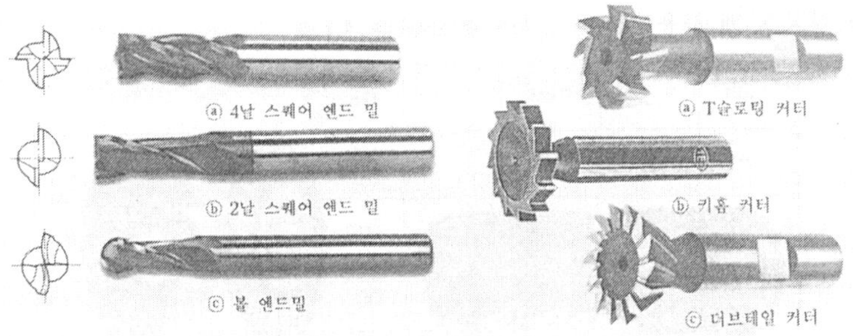

그림 4.17 수직 밀링용 커터

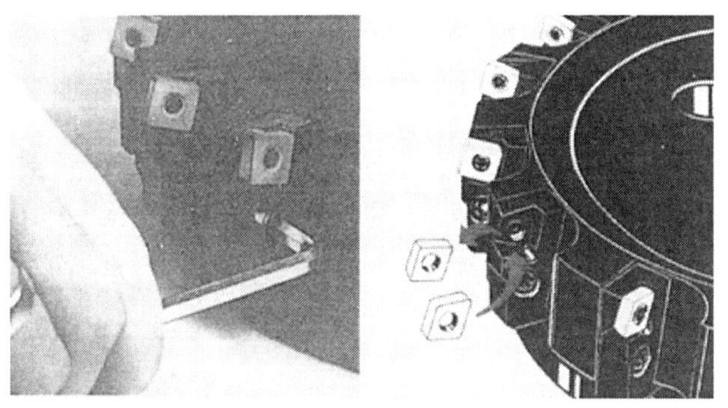

그림 4.18 Face cutter(through away tip)

(2) 밀링 절삭 이론

1) 절삭 속도(cutting speed)

절삭속도, 이송속도, 절삭 깊이는 기본적인 절삭 조건으로 밀링의 성능, 커터의 재질, 공작물의 재질, 목표 표면거칠기 등을 고려하여 결정하여야 한다.

거친 절삭에서는 절삭속도는 느리게 이송속도는 빠르게 절삭 깊이는 크게 선정하며, 다듬질 절삭에서는 절삭속도는 빠르게 이송속도는 느리게 절삭 깊이는 적게 선정한다.

[표 4.2] 밀링 커터의 절삭속도

(**단위** : m/min)

공작물 재질		커터 재질			공작물 재질	커터 재질		
		고속 도강	초경 (황삭)	초경 (정삭)		고속 도강	초경 (황삭)	초경 (정삭)
주철	연질	32	50~60	120~150	청동	50	75~150	150~240
	경질	24	30~60	75~150	구리	50	150~240	240~300
가단주철		24	30~75	50~100	알루미늄	150	95~300	300~1200
강	연질	27	50~75	150	에보나이트	60	240	450
	경질	15	25	30	페놀 수지	50	150	210
황동	연질	60	240	180	섬유	40	140	200
	경질	50	140	300				

절삭속도와 회전수 계산식은 아래와 같다.

$$V = \frac{\pi D n}{1000} \text{ [m/min]}$$

V : 절삭 속도

D : 커터의 지경[mm]

n : 회전수[rpm]

$$n = \frac{1000\,V}{\pi D} \text{ [rpm]}$$

2) 이송 속도(feed)

F = Fz × Z × n [mm/min]

Fz : 절삭날 1개당 이송속도[mm]

Z : 커터의 날수[개]

n : 커터의 회전수[rpm]

4.5 밀링 절삭방향 및 분할법

(1) 밀링 절삭방향

밀링 가공에서의 절삭방향은 그림에 지시하는 방향처럼 상향절삭(up cutting)과 하향절삭(down cutting)이 있으며, 그 특성은 표로 정리하였다.

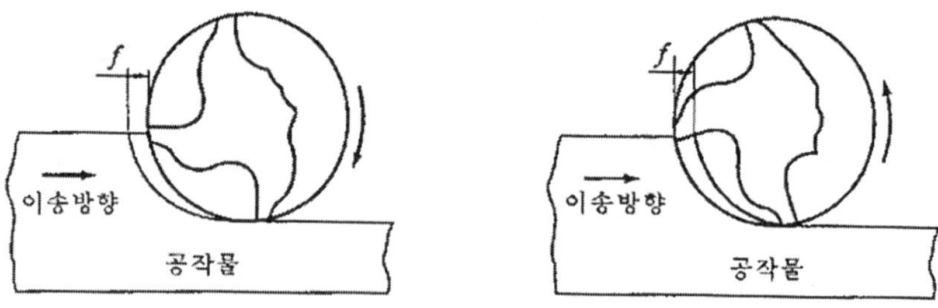

그림 4.19 상향절삭 / 하향절삭

[표 4.3] 상. 하향 절삭의 특성

절삭방향 / 구분	상향 절삭	하향 절삭
backlash	지장이 없다.	제거하여야 한다.
기계의 강성	강성이 낮아도 무방하다.	높은 강성이 요구된다.
공작물 고정	단단히 고정하여야 한다.	지장이 없다.
인선의 수명	수명이 길다.	수명이 짧다.
마찰 저항	마찰저항이 적게 작용한다.	마찰저항이 크게 작용한다.
표면 거칠기	광택은 있으나 하향보다 나쁘다.	저속 이송에서는 표면거칠기가 좋다.

※ 절삭방향과 이송방향을 수직형 밀링에도 적용할 수 있으며, 수직 밀링 머신에서는 상향절삭을 선호하고 있다.

(2) 분할 작업(indexing)

분할대(index)를 이용하면 원주를 일정 수만큼 등분하거나, 일정 각도로 분할 가공을 할 수 있다. 기어 가공(gear cutting), 다인(多刃) 커터의 가공, 밀링 커터의 가공 등에 활용되며 4종류의 분할방법이 있다.

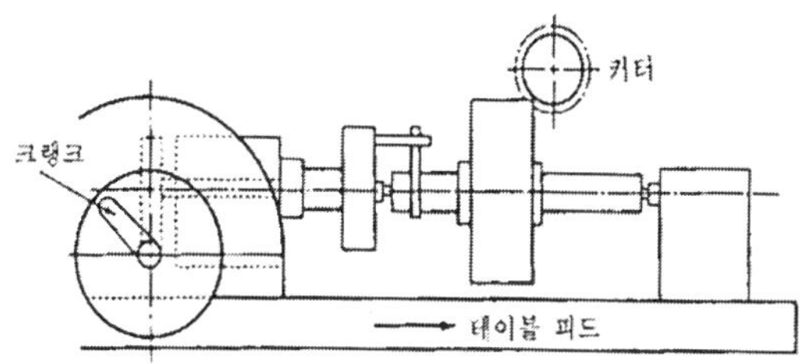

그림 4.20 분할 작업의 원리

① 직접 분할법(단순 분할법) : 24의 약수에 해당하는 분할법(24/n)
② 단식 분할법 : 분할 크랭크와 주축의 회전비가 40:1 이므로, 40/n으로 계산한다.
③ 차동 분할법 : 단식 분할법과 같은 방법을 취하며, 차동 변환기어로 보정한다.
(61등분 이상의 특수한 분할에 적용)
④ 각도 분할법 : 등각도로 분할하며 D°/9로 계산한다.
(원수 360도를 40:1로 나누면 숫자 9가 나오는 것을 응용한 것이다.)

예제1) 밀링 머시인의 분할대를 사용하여 6날 엔드밀을 가공. 제작하려고 한다.
분할(index) 방법은? (직접 분할.)

예제2) 잇수 72개인 평기어를 밀링 머신에서 가공하려고 한다.
분할하는 방법을 계산하시오. (단식 분할)

예제3) 각도 10도를 단식 분할하는 방법을 계산하시오.

제5장 연삭기

5.1 연삭기의 개요

연삭 가공은 경도가 높고 미세한 분말 입자를 결합하여 만든 연삭숫돌(grinding wheel)이 고속으로 회전으로 커터의 역할을 대신하면서 평면 또는 원통면을 소량으로 가공하는 미세 정밀 가공법이며 이 기계를 연삭기(grinding machine)라 한다.

연삭숫돌의 무수한 입자들이 다인 커터(multi cutter)처럼 절삭날 인선의 역할을 하므로 정밀도가 높고 표면거칠기 또한 우수한 가공면을 얻을 수 있으며, 일반적인 금속 재료의 가공은 물론이고 경도가 높아 절삭가공이 곤란한 열처리 경화강, 초경합금 등의 고경도의 재료들로 가공이 가능하다.

연삭 작업 중 결합제(bond)로 부착된 숫돌의 입자가 탈락하면서 새로운 입자가 생성되어, 항상 예리한 입자가 가공을 할 수 있는 구조이며, 새로운 숫돌입자가 스스로 생성되는 것을 자생작용(自生作用)이라 한다. 그림에는 연삭가공의 종류를 나타내었다.

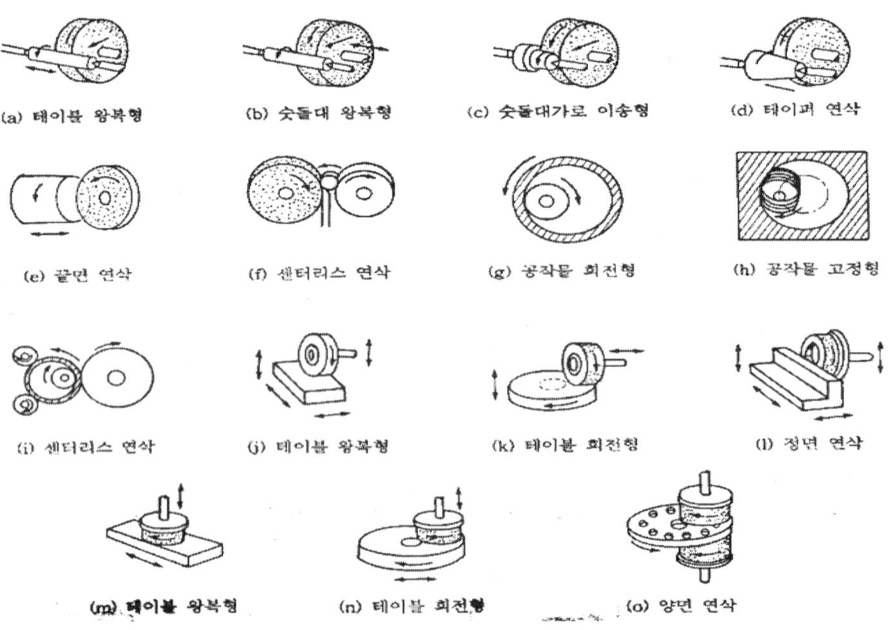

그림 5.1 연삭 가공의 종류

연삭 가공은 특징은 아래와 같다.

① 경화강 등 단단한 재료의 가공이 가능하다.

② 칩이 미세하게 발생되며, 표면거칠기가 우수한 고정도의 가공면을 얻을 수 있다.

③ 연삭 압력 및 저항이 작아 자석 척(magnetic chuck)등으로 공작물을 고정할 수 있다.

④ 연삭숫돌의 가공속도는 1500[m/min]으로 일반 커터의 절삭속도의 10배 이상의 고속 가공을 한다.

⑤ 연삭숫돌의 자생작용이 있다.

⑥ 연삭점의 온도가 높아 불꽃이 발생하며, 연삭열에 의한 결함으로 연삭 균열(crack), 연삭 버언(grinding burn) 등이 발생할 수 있다.

5.2 연삭기의 구조와 종류

(1) 외경 연삭기

외경 연삭기(plain cylindrical grinding machine)는 원통형 공작물의 외경을 연삭하는 연삭기이며, 만능형 연삭기(universal grinding machine)는 원통 축 외에 테이퍼 축, 계단 축, 내면 연삭, 단면 연삭 등을 할 수 있도록 숫돌대 및 주축대가 선회할 수 있으며, 테이블의 회전각도 또한 크다.

그림의 구조에 나타난 것처럼 외경연삭은 공작물을 양 센터로 지지하고 테이블은 좌우로, 숫돌은 전후로 이송하면서 연삭 가공이 진행된다.

트래버스 연삭방식		플러지 컷 연삭방식
테이블 왕복형	숫돌대 왕복형	숫돌을 테이블과 직각으로 이동시켜 연삭 (전체길이를 동시가공)
숫돌은 회전만 공작물이 회전 및 왕복운동	공작물 회전만 숫돌이 회전 및 왕복운동	

그림 5.2 외경 연삭기(만능형)

연삭기의 이송은 기어 또는 유압식이 사용되며 그림과 같이 3가지 이송법이 있다.

① 테이블 왕복식(travelling table type)

② 연삭 숫돌대 왕복식(travelling wheel head type)

③ 플런지 컷 방식(plunge cut type)

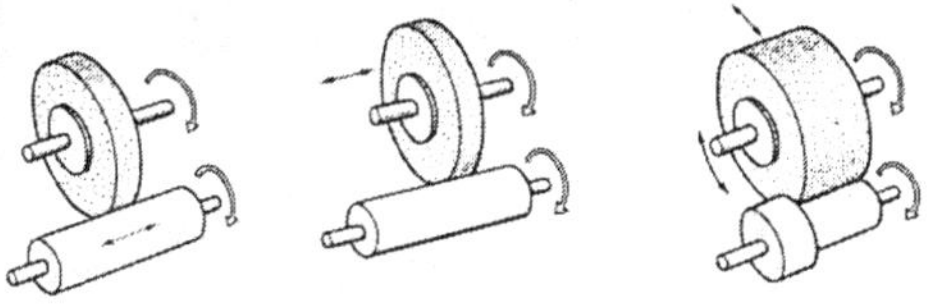

그림 5.3 연삭가공의 이송법

원통 연삭의 일반적인 작업방법은 다음 그림과 같다.

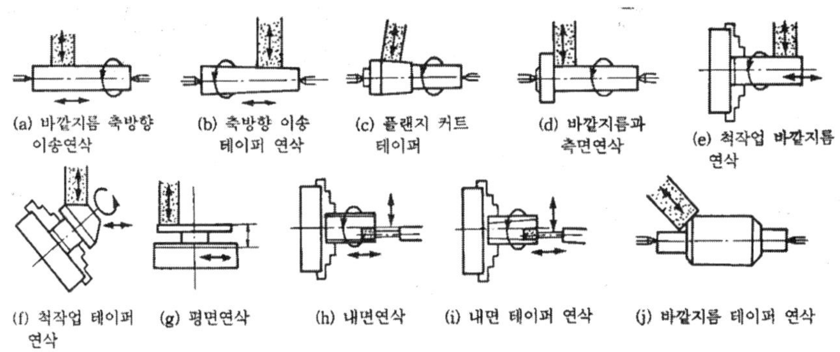

그림 5.4 원통연삭 가공방법

(2) 센터리스 연삭기(centerless grinding machine)

센터리스 연삭기(centerless grinding machine)는 그림과 같이 센터 또는 자석 척 을 사용하지 않고, 조정숫돌(regulating wheel)과 지지대를 사용하여 가늘고 길이가 긴 공작물을 연속적으로 연삭하는 특징을 가지고 있다.

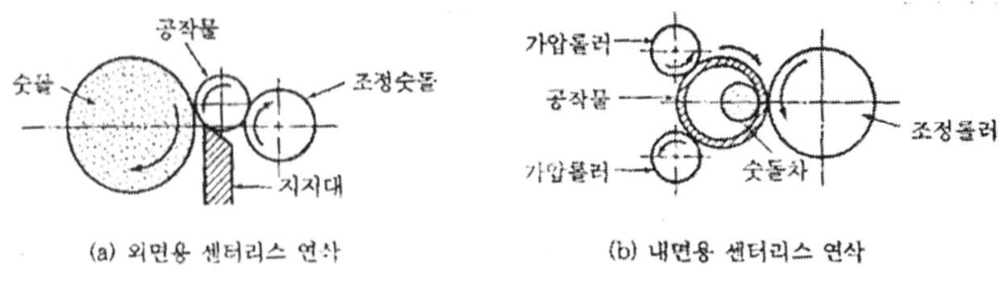

그림 5.5 센터리스 연삭의 원리

센터리스 연삭기는 연삭 작업을 자동으로 진행할 수 있으므로 핀(pin), 피스톤 핀(piston pin), 베어링 롤러(bearing roller) 등의 연삭에 효율적이며, 공작물의 이송방법은 전후 이송 기구에 의한 전후 이송법과 통과 이송법이 있으며, 다음과 같은 장. 단점이 있다.

센터리스 연삭의 장점,

① 세터 구멍을 가공할 필요가 없고, 중공(中空)의 공작물 연삭에 편리하다.

② 연삭 작업에 숙련을 요하지 않는다.

③ 연삭 여유가 작아도 된다.

④ 가늘고 길이가 긴 공작물의 연삭에 적합하다.

⑤ 연삭 숫돌의 폭이 크므로 직경 마모가 적고 수명이 길다.

센터리스 연삭의 단점,

① 긴 홈이 있는 공작물은 연삭할 수 없다.

② 대형 또는 중량물은 연삭할 수 없다.

③ 연삭 숫돌 폭보다 넓은 공작물을 플런지 컷(plunge cut) 연삭할 수 없다.

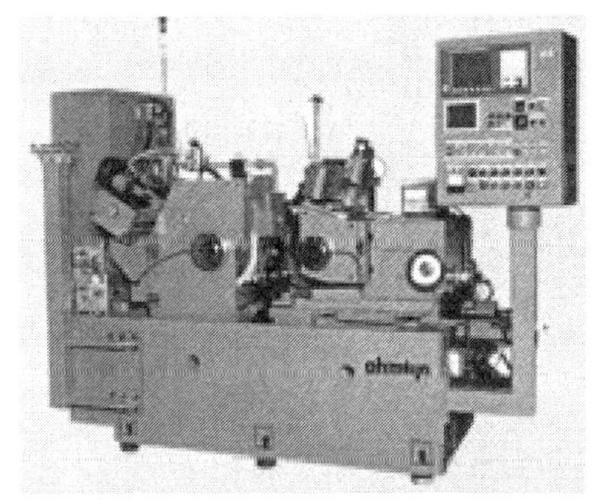

그림 5.6 센터리스 연삭기

(3) 내경 연삭기

1) 내경 연삭 방식

① 보통형(conventional type) : 공작물과 숫돌 모두에게 회전운동을 주어 연삭하는 방식으로 가공물이 소형이면서 균형이 잡혀 있는 형태에 적합하다.

② 유성형(planetary type) : 공작물은 회전하지 않고, 연삭 숫돌이 자전과 공전을 하면서 연삭하는 방식이며, 엔진의 실린더(cylinder)와 같이 대형인 가공물에 적합하다.

2) 내경 연삭기의 구조

내경 연삭기(internal grinding machine)는 가공물의 내경을 연삭하는 공작기계로서, 연삭 숫돌의 직경은 가공물의 직경보다 당연히 작아야 하며, 숫돌의 회전수 또한 빨라야 하므로 숫돌의 마모가 많다.

내면 연삭기는 가공 중에 측정하는 것이 불편하기 때문에 자동 측정 장치(automatic sizing mechanism)를 이용하기도 하는데, 공기식 마이크로미터와 전기식 마이크로미터(micrometer) 등을 사용하게 되면 가공 능률이 높아 대량생산이 가능하다.

그림 5.7 내경 연삭기

(4) 평면 연삭기

평면 연삭기(internal grinding machine)는 주로 공작물의 평면을 연삭하는 기계이며 그림처럼 주로 숫돌의 원주면으로 연삭하는 방식과 각형 숫돌 또는 컵형 숫돌(cup type wheel)의 끝면으로 연삭하는 방식으로 구분되며, 자석 척이 장착된 테이블(table)을 기준으로 보면 테이블이 원형으로 회전하는 것과 테이블이 직사각형으로 직선 왕복 이송을 하는 경우가 있는데, 이는 연삭기의 주축(spindle head)을 기준으로 보면 수직형과 수평형으로 구분 된다.

그림 5.8 평면 연삭기

1) 수평축 평면 연삭기

연삭기의 숫돌축이 테이블(table)과 평행을 이루는 구조로서 주로 연삭숫돌의 원주면으로 가공하게 된다. 공작물의 고정은 주로 자석 척(magnetic chuck)을 사용하므로 가공 후 공작물에 남은 자화를 제거하기 위하여 탈자기(demagnetizer)를 겸하여 사용하기도 하며, 그림에는 수평형 평면연삭기의 3가지 형식을 나타내고 있다.

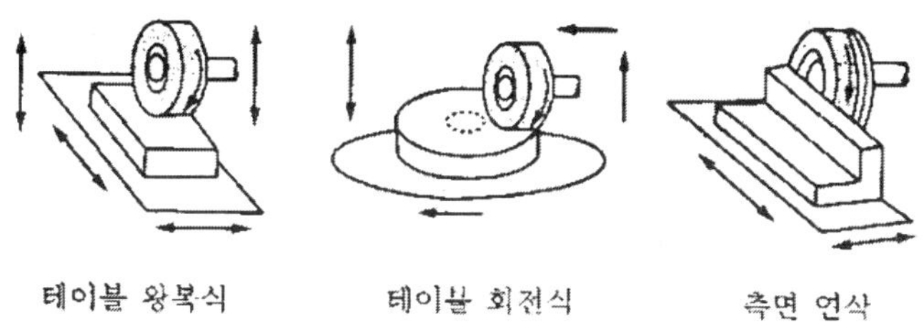

그림 5.9 수평형 평면 연삭 작업

2) 수직축 평면 연삭기

연삭기의 숫돌축이 테이블(table)과 직각을 이루는 구조로서 주로 컵형 연삭숫돌의 끝면으로 가공하게 된다. 공작물의 고정은 주로 자석 척을 사용하게 되며 소형 공작물을 한 번에 다량으로 연삭하기에 적합하지만, 연삭 중 발열이 높으므로 냉각제 공급에 유의하여야 하며 연삭량이 많은 중연삭(重研削)에서는 숫돌 축을 기울여 마찰을 줄이기도 한다. 소형 공작물의 경우 공작물 고정용 전용 지그(jig)를 활용하게 되면, 양면을 동시에 연삭하는 작업도 할 수 있다.

그림에는 수직축 평면연삭 작업과 수직축 평면 연삭기(rotary type surface grinding machine)를 나타내었다.

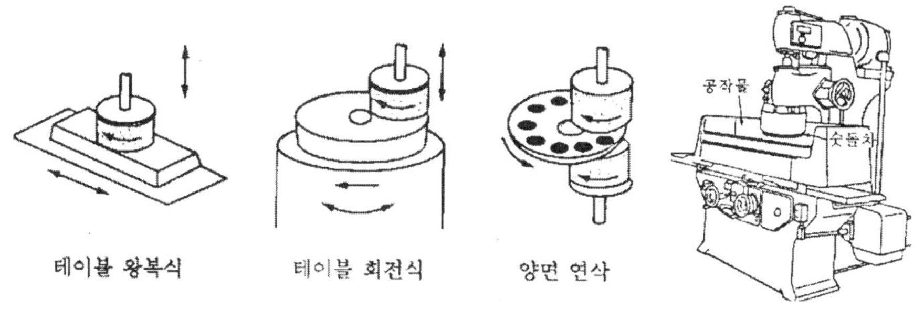

그림 5.10 수직형 평면 연삭기

(5) CNC 연삭기

CNC 연삭기(CNC grinding machine)는 연삭 정밀도의 향상과 자동화를 위하여 연삭기에 CNC장치를 결합한 형태이다. 측정, 치수 보정, 자기 진단, 모니터링(monitoring) 등 진단 기능이 추가된 만능형이 많이 사용되고 있으며, 가공물을 한 번 고정한 후 부속장치 등을 활용하면서 연삭작업을 완성하는 빠르고도 편리하지만 고가의 장비이다. 평면, 원통, 센터리스(centerless) 등 전용 CNC 연삭기도 활용되고 있다.

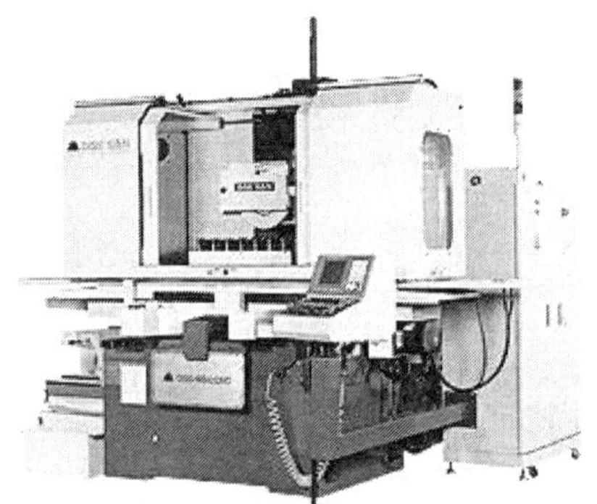

그림 5.11 CNC 연삭기

주로 공작물의 평면을 연삭하는 기계이며 그림처럼 주로 숫돌의 원주면으로 연삭하는 방식과 각형 숫돌 또는 컵형 숫돌(cup type wheel)의 끝면으로 연삭하는 방식으로 구분되며, 자석 척이 장착된 테이블(table)을 기준으로 보면 테이블이 원형으로 회전하는 것과 테이블이 직사각형으로 직선 왕복 이송을 하는 경우가 있는데, 이는 연삭기의 주축(spindle head)을 기준으로 보면 수직형과 수평형으로 구분 된다.

(6) 전용 연삭기

1) 공구 연삭기(tool grinding machine)

주로 드릴(drill), 커터(cutter), 바이트(bite) 등 절삭공구를 인선 즉, 절삭날을 연마하는 연삭기의 총칭으로 다양한 종류가 있다.

① 드릴 연삭기(drill grinding machine) : 드릴의 날끝각을 정확하게 연삭한다.

② 바이트 연삭기(bite grinding machine) : 주로 선반에 사용하는 바이트의 경사각과 여유각을 정확히 연삭한다.

③ 초경 공구 연삭기(cemented carbide tool grinding machine) : 다이아몬드 입자 숫돌을 사용하여 초경합금 커터의 인선을 다듬질가공 한다.

④ 만능 공구 연삭기(universal tool & cutter grinding machine) : 다양한 부속장치를 가지고 있어 밀링커터(milling cutter), 엔드밀(endmill), 드릴(drill), 바이트(bite), 호브(hobe), 리이머(reamer) 등 커터류의 연삭이 가능하다.

그림 5.12 만능 공구 연삭기

2) 나사 연삭기(thread grinding machine)

나사 연삭기(thread grinding machine)는 나사 게이지(thread limit gauge), 탭(tap), 계측기 이송나사 등 고정밀도가 요구되는 나사의 연삭에 사용된다. 리드 스크류(lead screw)를 구비하고 있으며 정밀연삭을 위해 다이아몬드 입자 또는 CBN(cubic boron nitride tool)급의 숫돌을 사용하고 나사 연삭 가공에는 단인방식(single edge wheel), 다인방식(multi edge wheel), 센터리스(centerless) 방식이 사용된다.

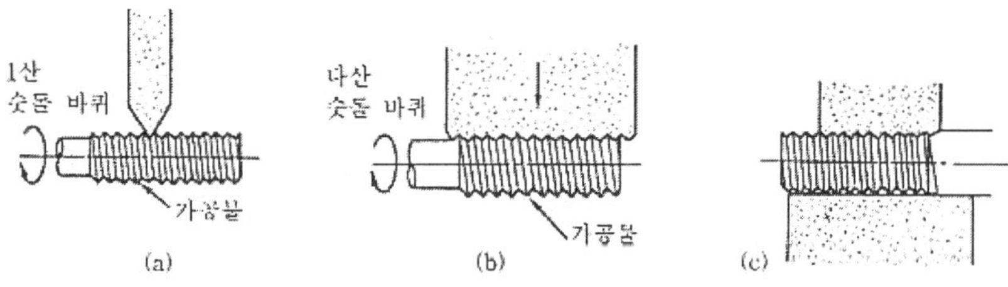

그림 5.13 나사 연삭 방식

3) 성형 연삭기(forming grinding machine)

성형 연삭기(forming grinding machine)는 고정밀도의 금형가공에 적합한 전용 연삭기로서 평면연삭기를 소형화한 형태로 그 형상은 그림에 나타내었다.

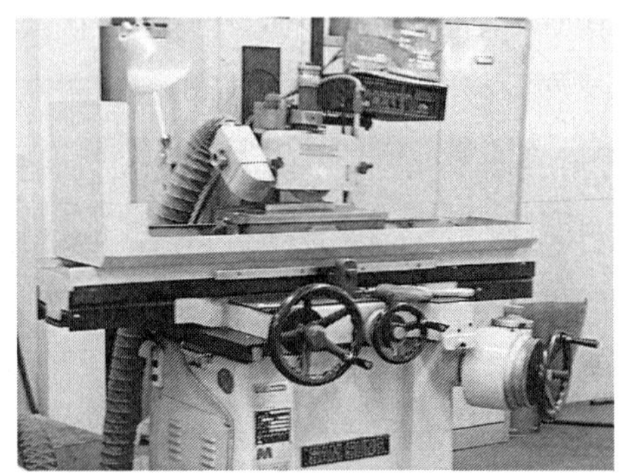

그림 5.14 성형 연삭기

4) 캠 연삭기(cam grinding machine)

캠 연삭기(cam grinding machine)는 내연기관의 캠(cam) 전용 연삭기로서 마스터 캠(master cam)을 따라 모방 형식으로 가공물의 윤곽을 연삭한다.

5) 기어 연삭기(gear grinding machine)

기어 연삭기(gear grinding machine)는 기어를 절삭하여 열처리 과정을 거친 후 연삭 작업을 하는 전용 연삭기로 가공 방법에는 성형법과 창성법이 있다.

그림은 총형 숫돌에 의한 성형법으로 단인 방식(single edge wheel)으로 연삭하는 것을 나타내었다.

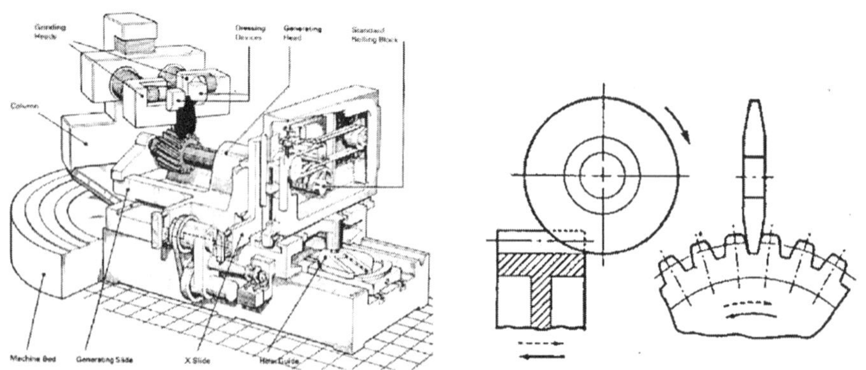

그림 5.15 총형 숫돌에 의한 기어 연삭

5.3 연삭 숫돌

(1) 연삭숫돌(grinding wheel)의 개요

연삭숫돌(grinding wheel)은 연삭작업에서 커터의 역할을 하는 것으로 경도가 높은 미세한 입자들을 결합제(bond)로 결합하여 일반 원판형, 컵형(cup type), 접시형(dish type) 등 필요한 형태로 제작한 것이다.

숫돌 입자 사이에는 기공이 있어 칩을 배출하는 역할을 하게 되며, 가공 중 칩과 함께 입자들이 탈락되고 새로운 입자가 생성되는 자생작용을 반복 하도록 되어있다.

입자(grain), 결합제(bond), 기공(pore)을 연삭 숫돌의 3요소라 하고 있으며, 연삭 숫돌의 성능을 나타내는 기본 5요소로는 입자, 입도, 결합제, 결합도, 기공(조직)을 의미한다.

(2) 숫돌 입자

연삭숫돌에 사용되는 입자(grain)는 천연산과 인조산이 있으며, 에머리(emery) 커런덤(corundum) 등의 천연산은 경도가 낮아 연삭 작업에 부적당하므로, 재질이 단단하고 균질의 인조 숫돌을 주로 사용하게 된다.

인조 숫돌의 주재료는 알루미나(alumina, Al_2O_3)와 탄화규소(SiC)의 2종이며, 알루미나계의 상품명은 알런덤(Alundum) 또는 알록사이트(Aloxite)이며, 탄화규소계의 상품명은 카보런덤(Caborundum) 또는 크리스트론(Crystlon)으로 다음의 표에 그 용도를 정리하였다.

[표 5.1] 숫돌 입자의 용도

기호	재 질	용 도
A	흑 갈색 알루미나	인장강도가 크고(30kgf/mm^2) 인성이 높은 재료의 강력 연삭이나 절단 작업용
WA	백색 알루미나	인장강도가 매우 크고(50kgf/mm^2) 인성이 큰 재료로서 발열이 안되고 연삭 깊이가 작은 정밀 연삭용.
C	흑 자색 탄화규소	주철과 같이 인장강도가 작고 취성이 있는 재료, 절연성이 높은 비철금속, 석재, 고무, 플라스틱, 유리, 도자기 등
GC	녹색 탄화규소	경도가 매우 높고 발열하면 안되는 초경합금, 특수강 등

※ 특수 입자 : 초경합금공구 및 경화 열처리 된 가공물의 연삭을 위해 다이아몬드(diamond) 입자 또는 질화 붕소(CBN ; cubic boron nitride) 입자가 사용되며, 고급 숫돌로서 가격이 비싸다.

(3) 입도(grain size)

연삭숫돌 입자의 크기를 입도(grain size)라 하며, 체눈의 번호로 표시한다. 이는 메시(mesh)를 의미하며, No20의 입자는 1인치 길이에 20개의 눈(1평방 인치에는 400개의 눈)을 가진 체를 의미한다. 280메시 이상의 고운 입자는 풍감 장치를 사용하여 선별하며 거친 연삭일수록 거친 눈의 입도를 적용하고, 작업별 입도의 선정은 다음과 같다.

① 거친 연삭에는 10 ~ 30메시를 사용한다.

② 다듬질 및 공구연삭에는 36 ~ 80메시를 사용한다.

③ 경도가 높고 조직이 치밀한 공작물일수록 고운 입자를 사용한다..

④ 숫돌과 공작물의 접촉 면적이 작을수록 고운 입자를 사용한다.

⑤ 한 개의 연삭 숫돌로 황삭과 정삭을 겸할 경우에는 혼합 입자의 숫돌을 사용한다.

[표 5.2] 숫돌의 입도 구분

구분	거친 입도 (coarse)	보통 입도 (medium)	가는 입도 (fine)	아주 가는 입도 (extra fine)
입도	10, 12, 14, 16, 20, 24	30, 36, 46, 54, 60	70, 80, 90, 100, 120, 150, 180, 220	240, 280, 320, 400 500, 600, 700, 800

(4) 결합제(bond)

결합제(bond)는 숫돌 입자를 접착시켜 숫돌의 형상을 만드는 접착제로 다음의 조건을 갖추어야 한다.

① 소정의 형상으로 숫돌을 만들 수 있어야 한다.

② 결합 능력을 광범위하게 조절할 수 있어야 한다.

③ 균일한 조직으로 만들 수 있어야 한다.

④ 고속 회전에서도 견딜 수 있는 강도를 유지해야 한다.

⑤ 열이나 연삭제(절삭유)에 대해 안정적이어야 한다.

결합제의 종류, 기호, 용도 등은 표로 정리하였다.

[표 5.3] 결합제의 종류, 기호, 용도

기호	종 류	용도 및 특성
V	비트리파이드 (vitrified)	결합도를 광범위하게 조절할 수 있고, 균일한 기공을 만들며 물, 산, 기름, 온도 등에 영향을 받지 않아 90% 정도의 숫돌에 사용되고 있으며, 충격에 약하다.
S	실리케이트 (silicate)	결합도가 낮아 숫돌의 마모가 많고, 연삭열을 적게 받아야 하는 공구연삭 숫돌 또는 대형 연삭 숫돌에 사용된다.
R	고무 (rubber)	결합제의 주성분이 고무로서 탄성이 크므로 절단용 숫돌, 센터리스 연삭기의 조정숫돌에 사용된다.
B	레지노이드 (resinoid)	결합도가 높고 탄성이 풍부하여 절단작업용 및 정밀 연삭용으로 높은 연삭속도용이다.
E	셸락 (shellac)	강하고 탄성이 크며 내열성이 적어 얇은 규격의 숫돌 제작에 적합하며, 큰 톱, 절단작업, 리이머의 절삭날 연삭용에 사용된다.
PVA	비닐 (vinyle)	결합도가 낮아 비철금속과 스테인레스강의 연삭에 적합하다.
M	메탈 (metal)	분말 야금법으로 숫돌을 제작할 때 사용되는 것으로, 주로 다이아몬드 숫돌에 사용된다.

(5) 결합도(경도 ; hardness)

결합도(경도 ; hardness)는 숫돌 입자의 크기와 관계없이 숫돌 입자들을 접착시키는 결합제의 결합력을 나타낸 것으로, 연삭 숫돌의 경도 또는 강도를 나타낸다. 표와 같이 결합도는 알파벳 대문자로 표기하며, 결합도에 따른 숫돌의 용도를 정리하였다.

[표 5.4] 연삭숫돌의 결합도

구분	극히 연함 (very soft)	연함 (soft)	보통 (medium)	굳음 (hard)	매우 굳음 (very hard)
결합도	E, F, G	H, I, J, K	L, M, N, O	P, Q, R, S	T, U, W, Z

[표 5.5] 결합도에 따른 숫돌의 선택

결합도가 높은 숫돌 (단단한 숫돌)	결합도가 낮은 숫돌 (연한 숫돌)
연질재료의 연삭	경질재료의 연삭
숫돌의 원주 속도가 느릴 때	숫돌의 원주 속도가 빠를 때
연삭 깊이가 작을 때	연삭 깊이가 깊을 때
접촉면이 작을 때	접촉면이 클 때
재료 표면의 입자가 거칠 때	재료 표면의 입자가 치밀할 때

(6) 조직(기공 ; structure)

조직(기공 ; structure)은 연삭 칩이 모이는 곳으로 칩 배출에 큰 영향을 미치게 된다. 즉, 기공의 다소(多少) 또는 입자의 밀도를 말하는 것으로 표와 같이 번호와 기호로 나타낸다.

[표 5.6] 연삭숫돌의 조직

구분	조밀 (dense)	중간 (medium)	거칠 (open)
조직 기호(KS)	c	m	w
조직 번호(Norton)	0 ~ 3	4 ~ 6	7 ~ 12
입자 비율	50% 이상	42 ~ 50%	42% 미만

[표 5.7] 조직 따른 숫돌의 용도

거친 조직	조밀한 조직
연질이며 점성이 높은 재료	경질이며 취성이 높은 재료
거친 연삭	다듬질 연삭, 총형 연삭
공작물과 숫돌의 접촉면이 클 때	공작물과 숫돌의 접촉면이 작을 때

(7) 연삭숫돌의 호칭법

연삭숫돌의 호칭 순서는 표로 정리하였다.

[표 5.8] 연삭숫돌의 호칭 순서

WA	60	K	m	V	1호	외경 × 두께 × 안지름
입자	입도	결합도	조직	결합제	숫돌 형상	숫돌의 치수

5.4 연삭 작업

(1) 숫돌의 원주 속도

연삭숫돌(grinding wheel)의 원주 속도가 느리면 숫돌의 마모가 커지고 가공면이 거칠어지며, 원주 속도가 빠르면 입자의 날이 무뎌져서 연삭성이 떨어진다. 다라서 작업종류와 가공조건에 맞는 적정 원주 속도를 선택한다.

[표 5.9] 연삭 작업별 원주 속도

작업종류	외경	내경	평면	절단	공구 연삭	초경합금 연삭
원주속도 [m/min]	1600~ 2000	600 ~ 1800	1200~ 1800	1100~ 1400	1400~ 1800	1400 ~ 1650

(2) 연삭 깊이

연삭 능률을 기준으로 하면 연삭 깊이는 가능하면 큰 것이 좋으나 연삭조건에 따라 다르게 하여야 한다.

[표 5.10] 재료별 표준 연삭깊이

공작물	거친연삭(mm)	다듬질 연삭(mm)
강	0.02 ~ 0.05	0.005 ~ 0.01
주철	0.08 ~ 0.15	0.02 ~ 0.05

(3) 이송량

원통 연삭 작업에서의 이송량은 공작물의 원주 속도와 반비례 관계에 있으며, 숫돌의 폭 [b]보다 작게 하며, 표준 이송량은 표를 참조한다.

[표 5.11] 연삭 작업의 표준 이송량

공작물	이송량(mm/rev)
강	f = 1/3 ~ 3/4b
주철	f = 3/4 ~ 4/5b
다듬질	f = 1/4 ~ 1/3b

또한, 공작물의 이송속도 F는 다음 식으로 계산한다.

$$F = \frac{f \times n}{1000}\ [m/\min]$$

f : 공작물 1회전당 이송량 [mm/rev]

n : 공작물 회전수[rpm]

(4) 연삭 동력

$$H = \frac{F \times V}{75 \times 60 \times \eta}\ [PS] = \frac{F \times V}{102 \times 60 \times \eta}\ [KW]$$

F : 연삭 저항[kgf]

V : 절삭속도[m/min]

η : 기계의 효율

(5) 연삭액(연삭유)

연삭 작업시 발생하는 열은 일반 공작기계의 절삭열보다 매우 높다. 따라서 충분한 냉각이 이루어지지 않으면, 열처리 경화된 재질이 연화되는 경우가 있으므로 연삭 결함을 방지하는 중요한 요소이며, 아래와 같은 조건을 갖추어야 한다.

① 연삭성이 좋고 공작물과 기계에 녹을 발생하지 않아야 한다.

② 장시간 사용에도 변질되지 않아야 한다.

③ 가공면의 정도유지와 공구수명을 길게 할 수 있어야 한다.

④ 인체에 무해하고 악취 거품 등 유해 요소가 없어야 한다.

(6) 연삭 숫돌의 수정

연삭 작업 조건이 맞지 않거나 기타 외부 요인 등에 의해서 숫돌의 자생작용이 원활하게 이루어지지 않는다면 드레싱(dressing) 등 인위적인 조치를 취해주어야 하며, 연삭숫돌에 발생할 수 있는 결함과 교정에 대해 정리하였다.

① 글레이징(glazing) : 입자가 탈락하지 않고 무뎌지는 현상.

② 눈메움(loading) : 자생작용이 원활하지 않고 기공에 연삭칩이 쌓여있는 현상.

③ 입자 탈락(shedding) : 작은 연삭저항에도 입자가 쉽게 탈락되는 현상.

④ 드레싱(dressing) : 드레서(dresser)로 숫돌을 표면을 가공하여 새로운 입자가 발생되게, 인위적 자생작용을 해주는 작업.

⑤ 트루잉(truing) : 기어연삭 등 숫돌의 윤곽 형상을 바로 잡아주는 작업으로 드레싱도 함께 이루어지게 된다.

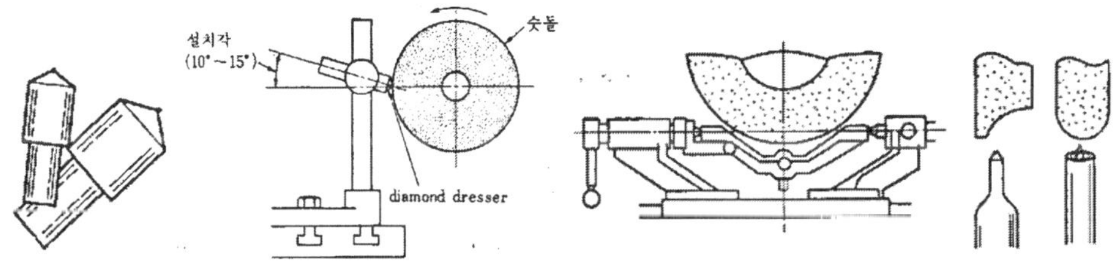

그림 5.16 dresser, dressing, truing

⑥ 밸런싱(balancing) : 숫돌을 연삭기에 장착할 때 원심력 방향으로 균형 추를 움직여 무게 중심을 잡아 주는 작업.

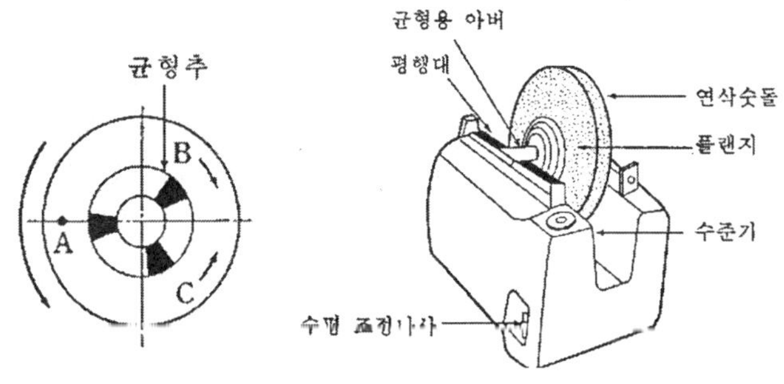

그림 5.17 balancing

제6장 드릴링 및 보링 머신

6.1 드릴링 머신(drilling machine)

드릴링 머신(drilling machine)은 커터(cutter)에 해당하는 드릴(drill)을 주축(spindle)에 고정한 다음 회전운동과 이송운동을 주어 공작물에 구멍을 가공하는 가장 기초적인 공작기계이다.

(1) 드릴링 머신의 구조 및 작업의 종류

드릴링 머신의 구조는 그림에 나타낸 것처럼 헤드(head), 스핀들(spindle), 컬럼(column), 테이블(table), 베이스(base)로 구분된다.

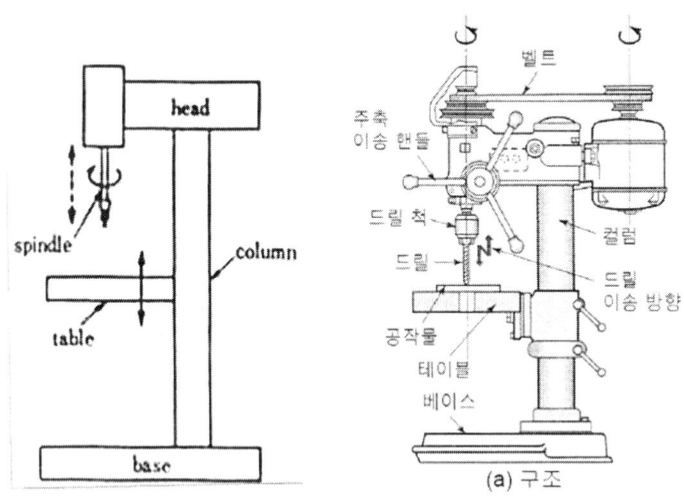

그림 6.1 드릴링 머신의 구조

드릴링 머신에서는 다음과 같은 작업을 할 수 있다.

① 드릴 작업(drilling) : 공작물에 구멍을 절삭하는 작업. (drill)

② 리이머 작업(reaming) : 1차 드릴링한 구멍을 정밀한 치수와 가공면으로 재가공 하는 작업.(reamer)

③ 암나사 작업(tapping) : 공작물에 볼트(bolt)를 체결할 수 있도록 암나사 가공을 하는 작업.(tap)

④ 보링 작업(boring) : 1차 드릴링 한 구멍의 치수를 넓히며 정밀하고 표면거칠기 또한 좋게 가공을 하는 작업.(boring bar)

⑤ 자리파기 작업(spot facing) : 너트(nut) 또는 캡나사(cap screw)의 체결 자리를 만드는 가공을 하는 작업.

⑥ 나사 자리파기 작업(counter boring) : 작은 나사의 머리 부분을 묻히게 가공하는 작업.(counter bore)

⑦ 접시 자리파기 작업(counter sinking) : 접시머리 나사의 머리 부분을 묻히게 가공하는 작업. (counter sinker)

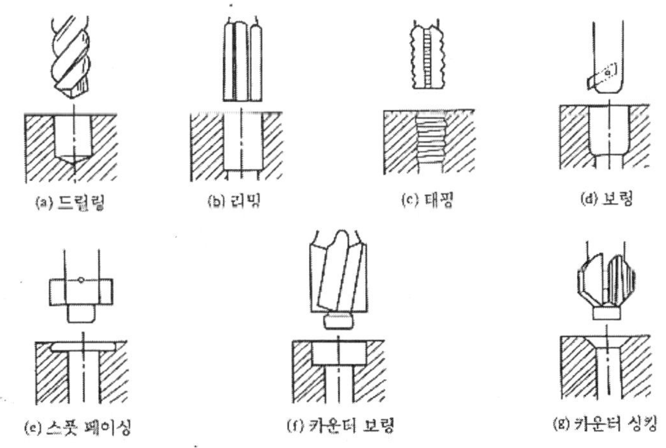

그림 6.2 드릴 작업의 종류

(2) 드릴링 머신의 종류

드릴링 머신에는 다음과 같이 4개의 유형이 있다.

① 컬럼과 직립형 드릴링 머신(column & upright type drilling machine)

② 다두형 드릴링 머신(gang type drilling machine)

③ 다축형 드릴링 머신(multi spindle type drilling machine)

④ 레이디얼형 드릴링 머신(radial type drilling machine)

1) 이동식 드릴링 머신(portable drilling machine)

이동식 드릴 머신(portable drilling machine)은 hand drill이라고도 하며, 소형이며 휴대할 수 있는 드릴링 머신으로 전기 모터형과 공기 모터형이 있으면, 해머(hammer) 드릴링(impact) 기능이 있는 것도 있다.

2) 탁상 드릴링 머신(bench drilling machine)

탁상 드릴링 머신(bench drilling machine)은 소형 드릴링 머신으로 테이블 위에 설치하여 사용하며, V-벨트 구동 방식이 대부분이다.

3) 직립 드릴링 머신(upright drilling machine)

직립 드릴링 머신(upright drilling machine)은 비교적 대형 가공물의 드릴링에 사용되는 공작기계로 변속방식은 기어식과 단차식이 있다. 기어식은 역회전 장치가 있어 태핑(tapping)가공도 가능하며, 스핀들(spindle)이 몰스 테이퍼(morse taper)로 되어 있어 직경이 13[mm]이상되는 테이퍼 샹크(taper shank) 드릴은 드릴 척을 사용하지 않고 스핀들 내에 미끄럼 장착을 할 수 있도록 되어 있다. 드릴 작업 위치결정(positioning)은 전적으로 공작물을 이동시켜 결정하는 구조이다.

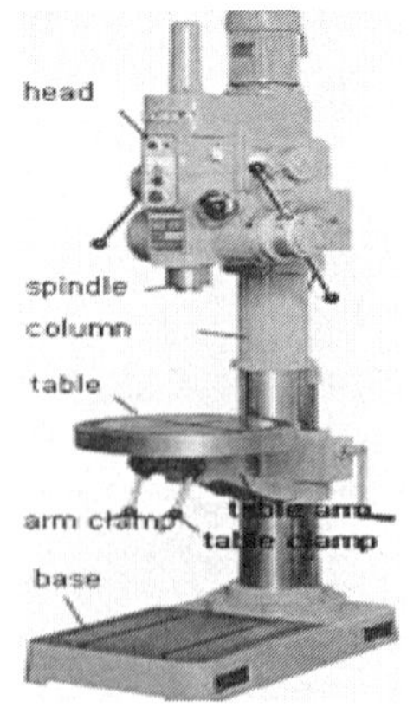

그림 6.3 직립 드릴링 머신

4) 레이디얼 드릴링 머신(radial drilling machine)

레이디얼 드릴링 머신(radial drilling machine)은 직립 드릴링 머신에서 더 발전하여, 테이블 위로 이동이 곤란한 대형 가공물의 드릴링에 사용되는 공작기계로 드릴 헤드(dirll head)를 직선 이동시키면서 안내면 역할을 할 수 있는 암(arm)이 있으며, 만능형 레이디얼 드릴링 머신은 헤드를 선회시켜 구멍을 경사지게 가공할 수 있도록 만들어졌다. 즉, 드릴 작업 위치결정(positioning)은 전적으로 드릴 헤드가 이동하면서 결정하는 구조이다.

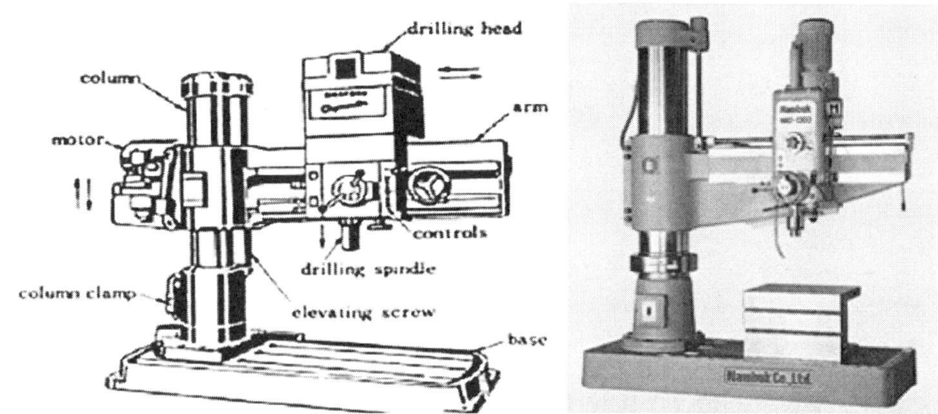

그림 6.4 radial drilling machine

5) 다축 드릴링 머신(multiple spindle drilling machine)

다축 드릴링 머신(multiple spindle drilling machine)은 대량생산을 위해 다수의 드릴링을 동시에 할 수 있도록 드릴 헤드를 확장 하였으며, 일반적으로 공작물 고정용 지그(jig)와 같이 사용된다.

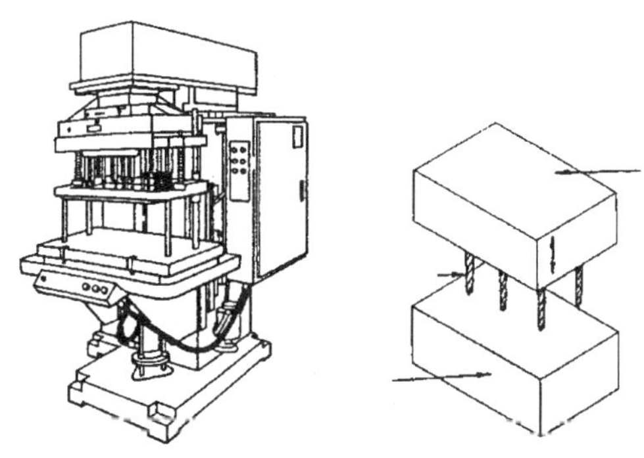

그림 6.5 다축 드릴링 머신

6) 다두 드릴링 머신(multi head drilling machine)

다두 드릴링 머신(multi head drilling machine)은 여러개의 드릴 헤드를 단일 테이블에 조합한 것으로, 스핀들 간격이 고정된 고정식과 이동 가능한 조정식이 있다. 드릴링(drilling), 리이밍(reaming), 태핑(tapping) 등 다양한 작업을 동시에 가공할 수 있다.

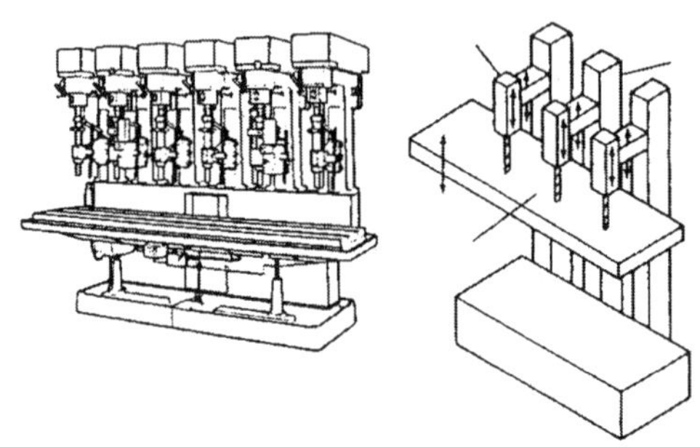

그림 6.6 다두 드릴링 머신

7) 심공 드릴링 머신(deep hole drilling machine)

심공 드릴링 머신(deep hole drilling machine)은 특수 목적으로 제작된 드릴링 머신으로서, 보통 직경의 5배 이상 깊이의 구멍을 심공(沈空, deep hole)이라 하는데 이러한 심공 가공용이다. 처음에는 총신의 드릴링을 위해 개발되어 건 드릴(gun drilling machine)이라고도 하는데 총신 외에 장축(長軸), 컨넥팅 로드(connecting rod) 등 심공 가공에 적합한 기계이며, 커터인 건 드릴(gun drill)은 절삭유를 공급할 수 있도록 절삭유 홀(hole)이 선단까지 가공되어져 있다.

그림 6.7 심공 드릴링 머신

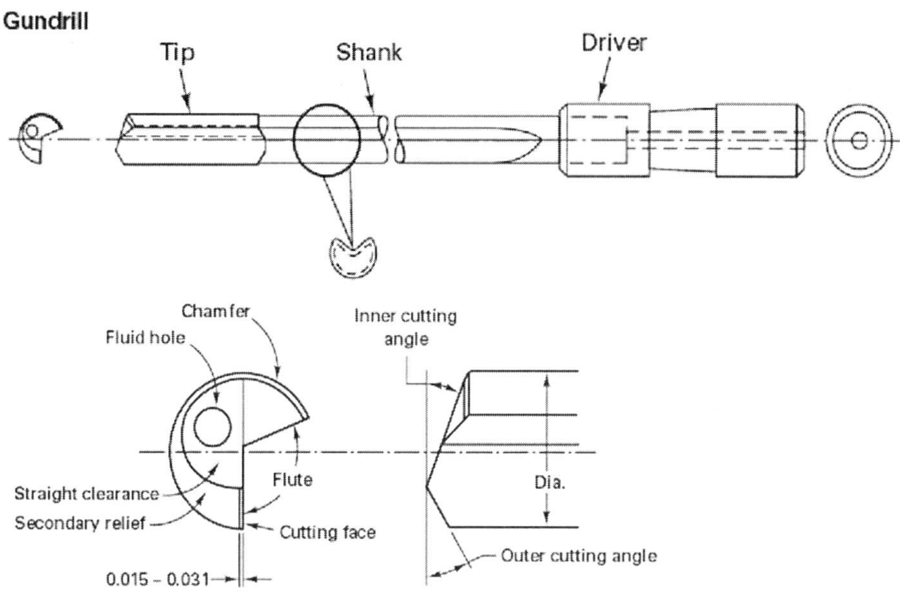

그림 6.8 gun drill의 구조

(3) 드릴링 머신의 규격

드릴링 머신의 규격을 나타내는 방법은 다음과 같이 다양한 방법이 있다.

① 가공할 수 있는 구멍의 최대 지름

② 컬럼 표면부터 주축 중심까지 거리
(레이디얼 드릴링 머신은 컬럼 표면부터 드릴헤드 이동 최대 거리)

③ 스핀들 끝에서 베이스 윗면까지의 거리

④ 베이스의 작업 면적

6.2 드릴(drill)

(1) 드릴의 종류 및 구조

드릴(drill)은 드릴작업용 커터를 말하며 만드는 재료에 따라 탄소강, 특수공구강, 고속도강, 탄화텅스텐 또는 초경합금을 선단에 부착한 팁 드릴(tipped dirll) 등이 사용되며, 자루의 모양에 따라 보통 직경 13[mm]까지 해당되는 곧은 자루 드릴(straight shank drill)과 13[mm]이상 직경의 테이퍼 자루 드릴(taper shank drill)로 분류한다. 그림은 드릴의 홈 형상에 따른 3종류의 드릴을 나타내었다.

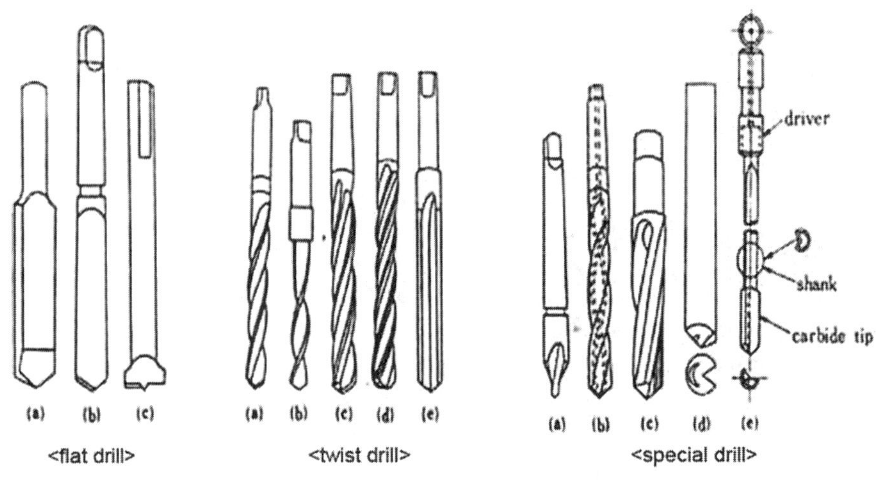

그림 6.9 드릴 홈의 형상

◈ 특수 용도의 드릴

① 스페이드 드릴(spade drill) : 1인치 이상의 대형 구멍 가공용이며 낮은 절삭속도와 높은 이송속도를 낼 수 있으며 자루부분은 일반강으로 제작할 수 있으므로 고성능의 드릴을 저렴한 가격으로 만들 수 있고 비틀림 홈은 만들지 않는다.

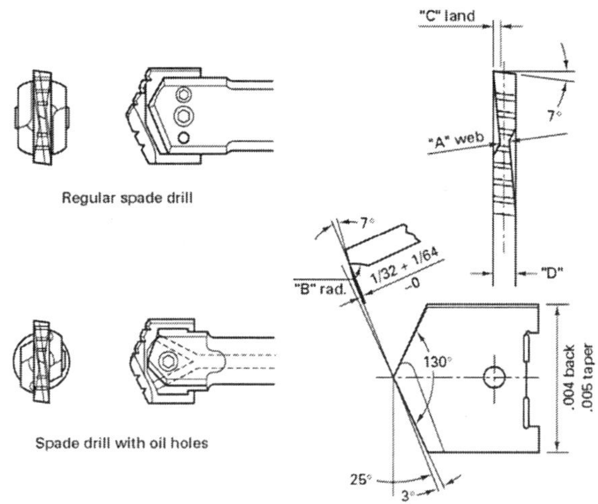

그림 6.10 spade drill

② 마이크로 드릴(micro drill) : 피벗 타입(pivot type)의 드릴로 0.02 ~ 0.0001인치의 구멍 가공용.

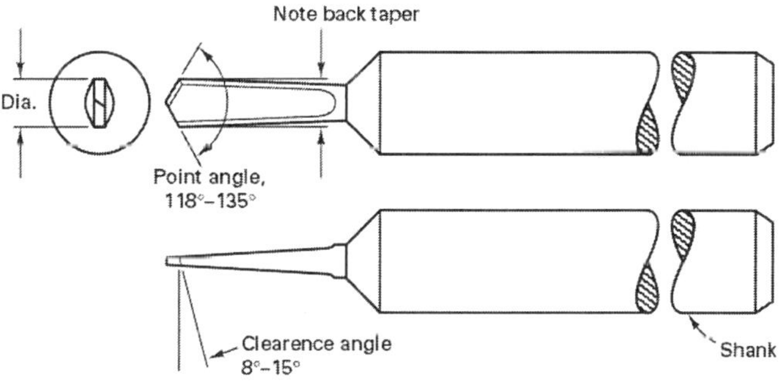

그림 6.11 micro drill

③ BTA 드릴(BTA drill) : 드릴 내부가 비어 있어 그 사이로 절삭유를 공급하고, 다시 절삭유와 절삭칩이 배출되어 큰 직경도 한번에 가공하며, 표면 조도 또한 보링보다 좋게 가공이 되는 전용장비와 드릴이 세트로 되어있다.

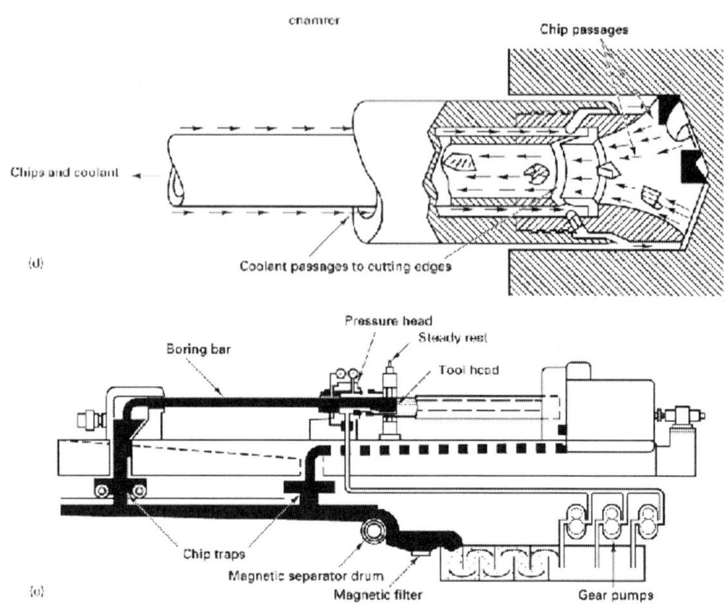

그림 6.12 BTA drill

④ 홀 소오(hole saw) : 도어 락(door lock) 또는 배선 작업용으로 주로 박판에 직경이 큰 구멍을 한번에 가공하는 기계톱 절삭방식의 드릴이다.

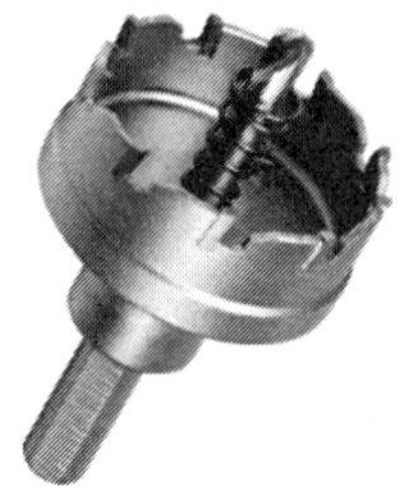

그림 6.13 hole saw

(2) 드릴의 형상

그림에 나타낸 것처럼 일반적인 드릴(drill)의 형상은 비틀림 드릴(twist drill)이며, 선단에서 자루부분으로 갈수록 약간 가늘어(back taper) 지도록 만들어졌는데 이는 가공할 때 마찰을 줄이기 위한 설계 방식이다.

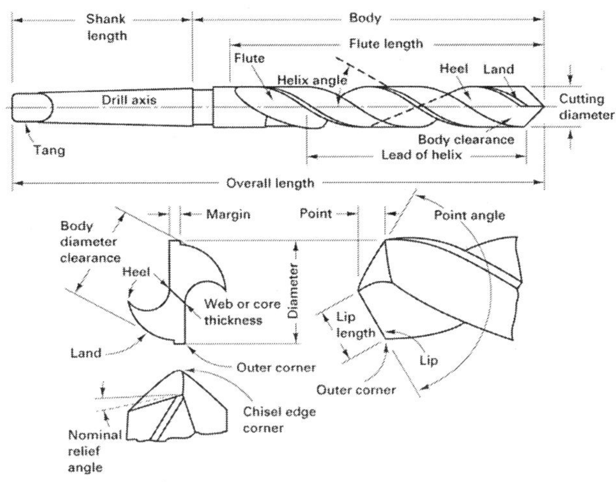

그림 6.14 twist drill의 각부 명칭

① 탱(tang) : 테이퍼자루의 끝부분의 가공된 부분으로 스핀들 홀에 직접 드릴을 장착(sliding)하여 회전력을 전달하는 역할을 한다.

② 자루(shank) : 드릴을 고정시키는 부분으로 직선형과 모오스 테이퍼형이 있다.

③ 마아진(margin) : 드릴의 크기를 결정하고, 마아진 앞 선이 드릴의 인선 역할을 하는 즉, 랜드(land) 앞쪽의 띠 모양의 형상을 말한다.

④ 몸통 여유(body clearance) : 마진 부분보다 지름이 작은 부분으로 드릴링 할 때 가공면에 접촉하지 않도록, 바이트나 커디에시의 여유각 역할을 하는 부분으로 렌드의 대부분을 차지한다.

⑤ 홈(flute) : 드릴의 본체에 나선형(helical)으로 파여진 홈은 칩을 배출시키고 설삭유를 공급 받는 통로 역할을 히며, 홈을 제외한 몸체 부분이 랜드(land)가 된다.

⑥ 절삭날(cutting edge) : 드릴링에서 가공물을 직접 절삭하는 선단부분의 인선이다.

⑦ 사심(dead center or dead point or chisel edge) : 드릴의 가장 선단 부분으로 두 절삭날이 만나는 부분으로 일직선이다.

◈ 씨닝(thinning) : 일직선인 선단의 마찰과 절삭저항을 줄이기 위해 사심의 길이를 양쪽에서 연삭하여 그 길이를 단축하는 작업으로 직경이 클수록 영향이 크다.

⑧ 여유각(lip clearance) : 절삭시 마찰열과 절삭저항을 줄이기 위한 선단의 여유각으로 8 ~ 15°로 한다.

⑨ 웨브 각(web angle) : 웨브(web)는 드릴의 척추가 되는 몸통 두께 부분이며, 웨브 각(chisel edge angle)은 드릴 선단의 인선과 치즐 에지가 상대적으로 형성하는 각이다.

(3) 드릴의 각도

드릴의 표준 각도를 보면 날끝각(point angle)은 118°, 여유각(relief angle)은 8~15°, 비틀림각(홈 나선각 ; helix angele or twist angle)은 24~32°가 사용된다. 드릴 연삭시에 선단의 인선의 길이가 드릴 중심축을 기준으로 완전한 대칭을 이루어야 드릴링에서의 떨림과 가공 오차를 줄일 수 있다. 가공물 재질에 따른 드릴의 표준 각도는 표로 정리하였다.

[표 6.1] 가공물에 따른 드릴의 표준각도

가공물 재질	날끝각(°)	여유각(°)	비틀림각(°)
일반 재료	118	12 ~ 15	20 ~ 32
Al합금(박판)	118	12	20 ~ 33
Al합금(후판)	118 ~ 130	12	32 ~ 35
쾌삭 황동, 청동	118 ~ 125	12 ~ 15	10 ~ 20
구리, 구리합금	110 ~ 130	10 ~ 15	30 ~ 40
주철	90 ~ 118	12 ~ 15	20 ~ 32
연강, 저탄소강	118	12 ~ 15	20 ~ 32
스테인레스강	118 ~ 140	57	20 ~ 32
목재	70	12	30 ~ 40

6.3 드릴 작업

(1) 드릴의 절삭속도

드릴(drill)의 절삭속도는 다음의 공식으로 계산하며, 구멍의 가공 깊이가 직경의 3배이면 10%, 4배이면 20%, 5배이면 30% 절삭속도를 감소시킨다. 리이머(reamer)의 절삭속도는 드릴의 1/3 ~ 1/2정도로 낮춘다.

$$V = \frac{\pi Dn}{1000}\ [\text{m/min}]$$

D : 드릴의 직경[mm]

n : 회전수[rpm]

(2) 드릴링 소요시간

$$T = \frac{t+h}{n \times f}\ [\mathrm{min}]$$

T : 소요시간(절삭시간)[min]

t : 구멍의 깊이[mm]

h : 드릴 선단 원추 높이[mm]

n : 드릴이 회전수[rpm]

f : 드릴의 이송속도[mm/rev]

6.4 보링 작업

(1) 보링 머신의 개요

보링(boring)은 이미 가공된 구멍을 정확한 치수로 확장하는 작업이다. 가공방법으로는 선반의 내경 가공과 유사하지만 보링바이트가 회전과 이송을 하게 된다. 보링 머신(boring machine)은 보링 이외에 드릴링, 정면 절삭, 나사가공 등을 할 수 있으며, 정면 밀링커터를 사용하면 평면 절삭도 할 수 있다. 보링 바(boring bar)에 보링 바이트를 장착하여 회전과 이송을 수어 가공하는 방식으로 바이트의 재료는 선반과 동일하다.

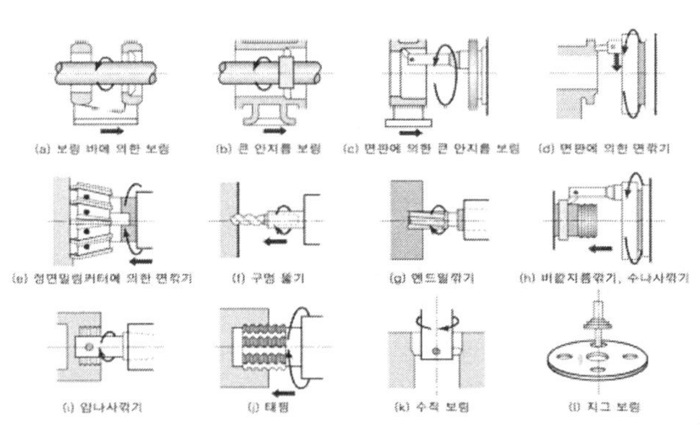

그림 6.15 보링 작업

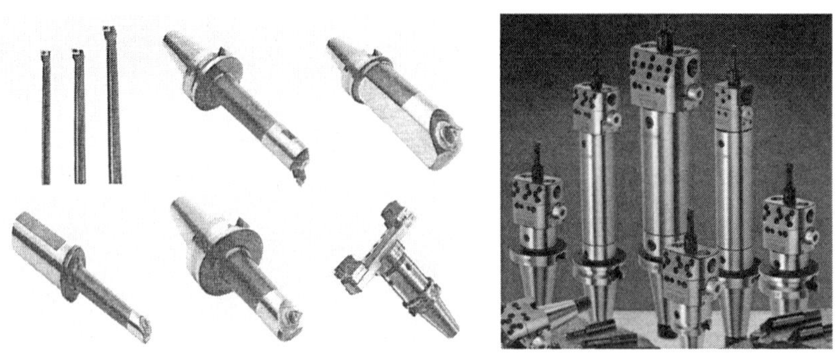

그림 6.16 boring bar & micro boring head

(2) 보링 머신의 종류

1) 수평 보링 머신

테이블형, 플로어형, 플레이너형, 이동형이 있으며, 주요 부분은 직립 컬럼, 테이블, 주축대이다.

그림 6.17 수평 보링 머신

2) 정밀 보링 머신

다이아몬드 또는 초경합금 공구를 사용하여 고속 경절삭으로 엔진 실린더(engine cylinder), 베어링(bearing) 등 정밀한 보링 가공을 하는 공작기계이다. 가공된 구멍의 진원도, 진직도가 대단히 높다.

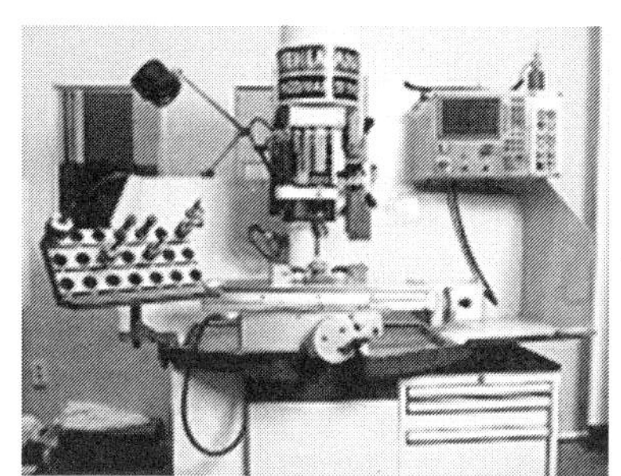

그림 6.18 정밀 보링 머신

3) 지그 보링 머신(jig boring machine)

지그 보링 머신은 구멍의 위치 정밀도는 물론 치수 정밀도가 매우 높아 치공구, 다이 등 정밀 부품을 가공하는데 사용된다. 주축의 방향에 따라 수직형과 수평형, 컬럼에 따라 단주형과 쌍주형으로 나누어지며, 광학 방식으로 매우 높은 정밀도로 위치 결정을 하게 되므로 항온실에 설치하기도 한다.

그림 6.19 지그 보링 머신

4) 직립 보링 머신

공작물을 수평면의 회전테이블(rotary table)에 고정하고 공구는 크로스 레일(cross rail)을 따라 움직이면서 수평면, 수직면을 선삭 및 보링 가공 한다. 회전 플레이너(rotary planer)라고도 한다.

그림 6.20 직립 보링 머신

5) 심공 보링 머신

구멍 깊이가 직경의 10 ~ 20배 일 때 심공 보링(deep hole boring)에 속하며, 절삭공구 대신 공작물이 회전하는 구조이다. 심공 드릴 작업의 유의사항은 다음과 같다.

① 작업중 칩(chip)의 배출에 유의하여야 한다.

② 깊은 가공점까지 절삭유의 공급에 유의하여야 한다.

③ 드릴의 휨에 따른 가공 구멍의 진직도에 유의하여야 한다.

④ 드릴 선단의 떨림(chattering)에 따른 가공표면의 거칠기에 유의하여야 한다.

그림 6.21 심공 보링 머신

제7장 정밀 입자 가공

7.1 래핑(lapping)

(1) 래핑의 개요

공작물과 랩(lap ; 랩 정반) 사이에 미세 분말 상태의 랩제(abrasives or lap powder)와 윤활제(lapping oil)를 넣고 상대 운동을 시켜 표면을 조금씩 매끈하게 가공하는 방법이며, 랩은 가공물보다 연질이어야 하므로 주로 주철, 동, 황동 등이 사용된다.

게이지 블록(Gauge block), 스냅 게이지(snap gauge), 플러그 게이지(plug gauge) 등의 한계게이지(limit gauge) 다듬질 가공과 볼(ball), 롤러(roller), 연료분사 펌프(pump), 정밀 기계부품, 렌즈(lens), 프리즘(prism) 등 광학유리의 가공에 적용된다.

그림 7.1 래핑의 원리

그림은 래핑 가공제품을 나타내고 있으며, 다음과 같은 장.단점이 있다.

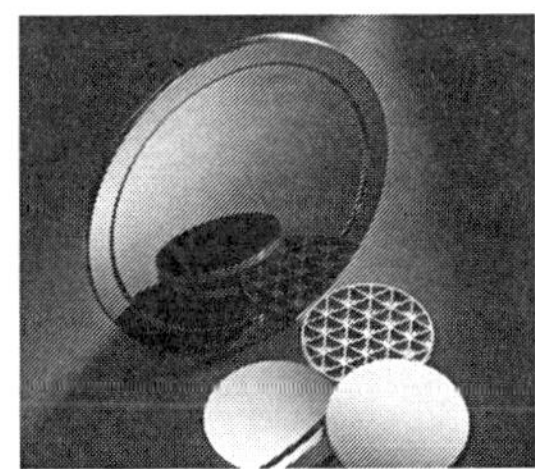

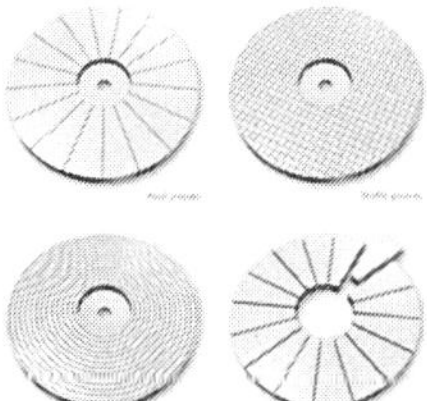

그림 7.2 래핑 가공 제품

1) 장점

① 다듬질 면이 매끈한 거울면(mirror surface)을 얻을 수 있다.
② 평면도, 진직도 등 기하공차 정밀도가 높은 제품을 만들 수 있다.
③ 다량 생산이 가능하고 가공면의 윤활성이 향상된다.
④ 래핑 가공면의 내식성 및 내마모성이 증가된다.
⑤ 원활한 미끄럼면을 얻을 수 있고 마찰계수가 적어진다.

2) 단점

① 비산하는 랩제가 다른 기계나 제품에 부착하면 마모의 원인이 된다.
② 제품을 가공할 때 남아 있는 랩제에 의해 마모를 촉진시킬 수 있다.
③ 높은 정밀도의 래핑에는 고도의 숙련이 필요하다.
④ 작업이 깨끗하지 못하며, 작업자의 손과 옷을 더럽힌다.

(2) 래핑 방법

래핑액(lapping oil)의 사용여부에 따라 건식법(dry method)과 습식법(wet method)으로 구분되는데 건식법이 더 정밀한 가공이 된다. 건식법은 블록게이지(block gauge)의 최종 가공에 사용되며, 습식법은 초경합금, 보석, 광학 유리 등 특수재료의 래핑에 이용된다.

또한 래핑 머신(lapping machine)을 사용하는 기계 래핑과 수작업으로 하는 손 래핑(hand lapping)이 있다.

(3) 랩(lap ; 래핑 정반)

랩은 정밀입자인 랩제를 지지하는, 연삭 숫돌 또는 샌드 페이퍼(sand paper)의 역할 을 하도록 하며, 랩의 정확한 형상을 공작물에 옮겨 형상공차와 가공 정밀도를 높이게 되는데 아래와 같은 구비조건을 가져야 한다.

① 재료는 치밀하고 흠이나 불순물이 없을 것
② 입자를 지지하는 능력을 가지고 있을 것
③ 정확한 치수, 형상을 장기간 유지할 것

일반적인 경우 주철제 랩(lap)이 가장 많이 사용되고 있으며, 그 외에 연강, 동합금, 알루미늄, 납 등의 비철금속 또는 목재, 파이버 등도 일부 사용된다.

(4) 랩제와 래핑액

래핑의 가공 능률에 가장 큰 영향을 주는 것이 랩제(lap powder)의 성분이며, 랩제는 경도, 입자의 예리함, 인성 등을 갖추어야 하며 다음과 같은 종류가 있다.

① 다이아몬드(diamond) : 초경합금, 보석류 등에 사용되며 값이 고가이나 경화강에 효과가 좋다.

② 탄화붕소(B_6C) : 다이아몬드 대용으로 경도 높은 공작물의 정밀가공에 사용된다.

③ 탄화규소(SiC), 산화철(Fe_2O_3) : 가장 많이 사용되는 재질로 연한금속이나 유리, 수정의 가공에 사용된다.

④ 알루미나(Al_2O_3) : 강철 가공에 효과적이다.

⑤ 산화크롬(Cr_2O_3) : 다듬질 가공에 효과적이다.

래핑액(래핑유)은 랩제와 혼합하여 사용하며 가공면에 윤활을 주어 긁히는 것을 방지하는 역할을 한다. 석유, 물, 올리브(olive)유, 돈유, 벤졸(benzol) 및 그리스(grease) 등이 주로 사용된다.

(5) 래핑 작업 조건

1) 래핑 속도

공작물과 랩과의 상대속도를 말하며, 습식법은 랩제나 래핑유가 비산하지 않을 정도의 속도로 하며, 건식법은 너무 높으면 과열되기 쉬우므로 50 ~ 80m/min의 속도로 한다.

2) 래핑 압력

랩의 입자가 거칠면 압력을 높이게 되는데, 지나치게 높으면 흠집이 발생되고, 지나치게 낮으면 광택이 없어진다. 추천 압력으로는 습식은 0.5 kg/㎠, 건식은 1.0 ~ 1.5 kg/㎠ 이다.

3) 랩 작업 방법

랩 작업은 핸드 래핑(hand lapping)과 기계 래핑(machine lapping)이 있고, 공작물의 형상이나 부품의 종류나 수량에 따라 평면, 원통, 구면, 나사, 기어 래핑 등이 있다.

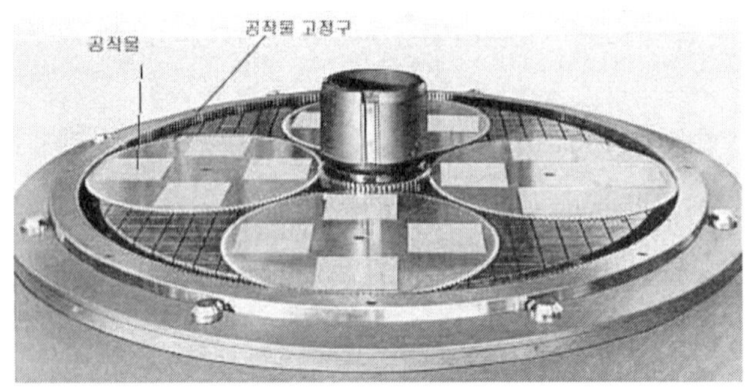

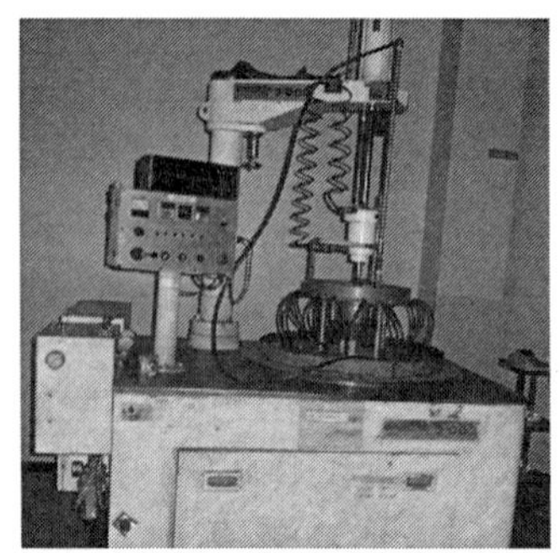

그림 7.3 Lapping machine

7.2 호닝(honing)

(1) 호닝의 개요

커터 역할을 하는 호운(hone)을 회전운동과 동시에 직선 왕복운동을 시켜 원통 내면, 외형 표면, 평면 등을 정밀하게 가공하는 것으로 내연기관이나 공유압 실린더 등의 다듬질에 이용된다. 호닝은 전단계 공정에서 가공된 구멍의 중심축을 따라 가공이 진행되므로 구멍의 위치도를 개선시키는 것은 어렵다. 호닝으로 가공할 수 있는 재료는 주철, 강, 초경합금, 황동, 청동, 알루미늄, 크롬, 은 등의 금속재료와 유리, 세라믹, 플라스틱 등 비철금속 재료도 가공할 수 있다.

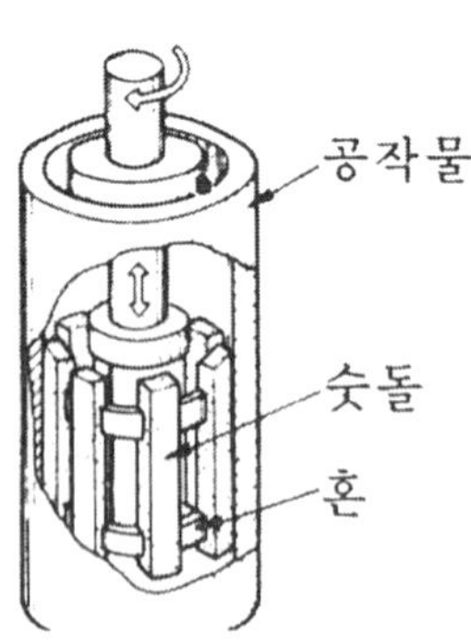

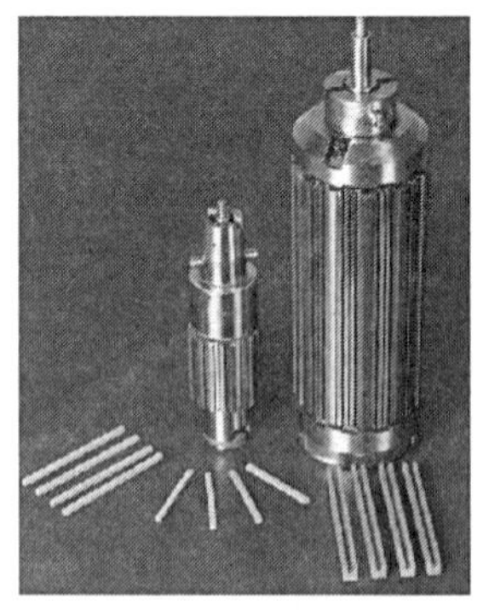

그림 7.4 hone

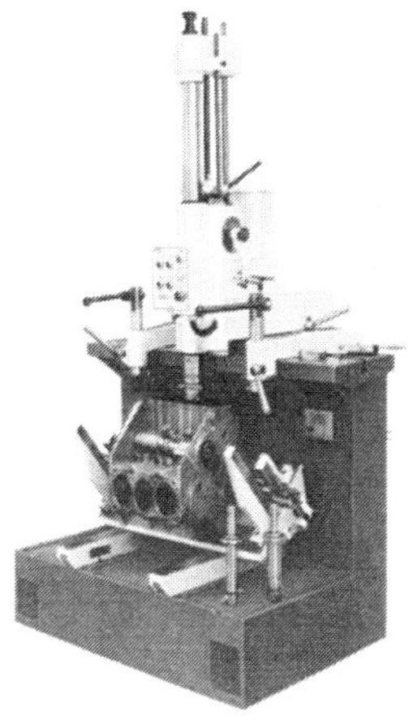

그림 7.5 honing machine

(2) 호닝 숫돌

1) 연삭 입자

호닝용 연삭 입자는 연삭가공과 동일하게 사용되고 있으며, 일반적으로 WA, GC, 다이아몬드, CBN(cubic boron nitride) 등이 사용된다.

① WA : 강, 주강

② GC : 주철, 비철금속

③ 다이아몬드 : 주철, 초경합금

⑤ CBN : 고경도 경화강(강압가공 및 고속에 성능이 우수함)

2) 숫돌 입도

① 거친 다듬질 #150

② 정밀 다듬질 #300 ~ 500

③ 초정밀 다듬질 #800 이상

3) 결합제

일반적으로 비트리파이드가 사용되고, 다이아몬드에는 레지노이드, CBN에는 레지노이드 또는 비트리파이드가 사용된다.

4) 결합도

① 열처리 경화강 : J ~ M

② 연강 : K ~ N

③ 주철 및 황동 : J ~ N

(3) 호닝 작업 조건

① 호닝 속도 : 회전운동과 왕복운동을 하게 되며, 왕복운동의 속도는 15 ~ 60m/min로 하되 호닝 원주 속도의 1/2 ~ 1/5정도로 한다.

② 호닝 압력 : 숫돌이 공작물에 균일하게 접촉하도록 스프링이나 유압을 사용하며, 거친 가공은 10 ~ 30kg/㎠, 정밀 가공은 5 ~ 20kg/㎠으로 한다.

③ 숫돌의 길이 : 가공할 구멍 깊이의 1/2 이내로 한다.

④ 숫돌의 정지 : 가공중 숫돌 길이의 1/4 정도가 구멍에서 나올 때 정지시킨다.

⑤ 연삭유 : 칩 제거, 연삭능력 향상, 표면거칠기 향상, 발생 열의 억제 등의 목적으로 사용된다.

7.3 액체 호닝(liquid honing)

액체 호닝(liquid honing)은 그림처럼 물과 혼합된 연삭입자를 압축공기와 함께 노즐을 통해 고속으로 분출시키는 가공으로 경화금속, 플라스틱, 고무 및 유리의 표면을 다듬질하는 습식 정밀 가공법이다.

그림 7.6 액체 honing

액체호닝은 다음과 같은 특징이 있다.

① 가공시간이 짧고, 피닝 효과(peening effect)로 공작물의 피로한도를 10%정도 향상 시킨다

② 연삭선이 제거되며, 복잡한 형상의 제품을 다듬질할 수 있다.

③ 열처리 등에서 나타난 표면의 산화막이나 작은 부스러기를 제거한다.

④ 가공면이 매끈하고 광택이 없게 가공됨으로써 다음 단계의 연마가공에서 작업효율을 높일 수 있다.

⑤ 아주 작은 치수오차를 유지하면서 탄화 수소물을 제거한다.

⑥ 유리, 플라스틱 등의 표면을 아름답고 매끈하게 가공할 수 있다.

⑦ 절삭공구의 인선에 수명을 연장시킨다.

7.4 슈퍼 피니싱(super finishing)

(1) 개요

슈퍼 피니싱(super finishing)은 연삭, 정밀 선삭, 정밀 보오링, 리이밍 등의 가공법으로 정밀 다듬질된 공작물 위에 미세한 입자의 숫돌을 축 방향으로 진동을 주어 접촉시키고, 공작물을 회전시키면서 치수 정밀도가 높은 경면을 얻는 가공방법이다.

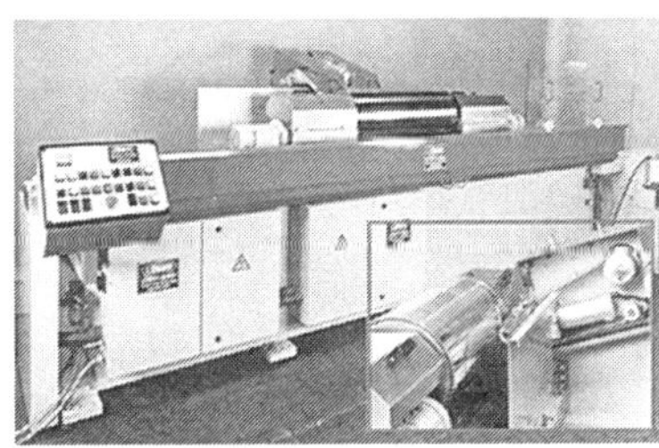

그림 7.7 super finishing

(2) 가공 조건

슈퍼 피니싱(super finishing)의 특징은 진동수가 높고 진폭이 작은 것이 특징이며, 공작물의 원주 속도와 관련시켜 연삭입자가 동일한 경로를 지나지 않도록 해야 한다.

① 진폭 : 1.5 ~ 5mm

② 진동수 : 진폭 1.5mm의 경우 500회/분, 진폭 5.0mm의 경우 100회/분

7.5 폴리싱(polishing)

폴리싱(polishing)은 가죽, 직물 등을 여러 장 겹쳐 만든 적당한 두께의 원판에 연삭입자를 붙이고 이것을 회전시켜 공작물의 표면을 연마하여 매끈한 다듬질면을 얻는 것으로서 곡면 가공도 가능하지만 높은 치수 정밀도를 내는 것은 아니다.

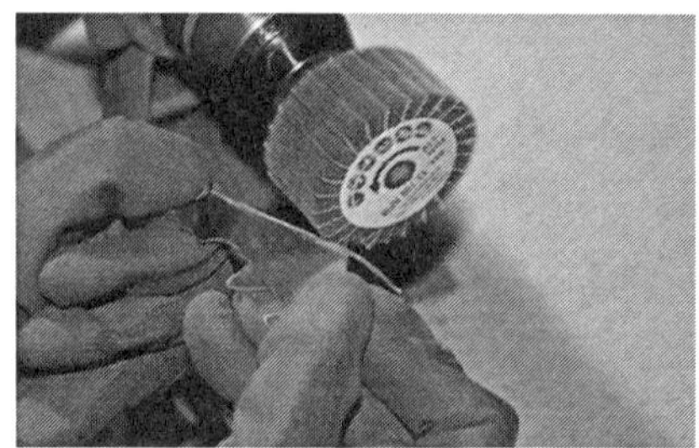

그림 7.8 polishing

버핑(buffing)은 모, 면직물, 펠트(felt) 등을 여러 장 겹쳐 만든 적당한 두께의 원판에 연삭 입자와 혼합된 윤활제를 사용하고 이것을 회전시켜 자동차 광택내기 작업 등 주로 곡면에 하는 작업으로, 폴리싱(polishing) 다음에 이어진다.

그림 7.9 buffing machine

제8장 기타 기계 가공

8.1 세이퍼(shaper)

(1) 세이퍼의 개요

세이퍼(shaper)는 공구가 직선 왕복운동을 하면서 비교적 소형공작물을 절삭하며, 평면, 각홈, 키이홈, T홈 및 불규칙한 표면 윤곽 등을 가공하는 공작기계이며, 가공시간을 경제적으로 운영하기 위해 귀환행정은 절삭행정보다 1.5 ~ 2배 빠르게 한다.

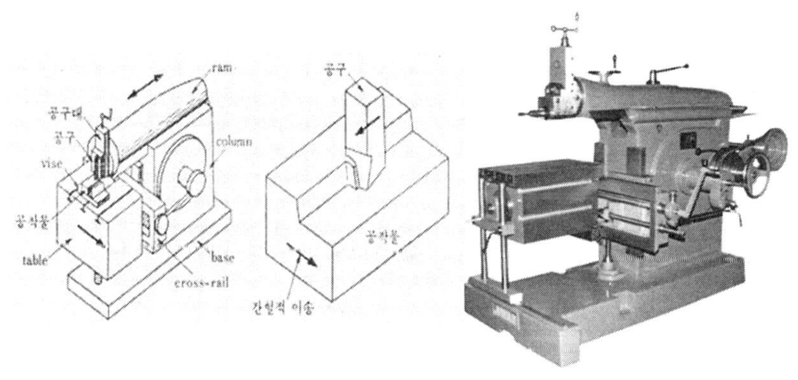

그림 8.1 Shaper

(2) 램(ram)의 운동기구

세이퍼(shaper)의 운동기구인 램의 왕복운동 방식은 4가지 방법이 있다.

① 크랭크 기구(crank mechanism)

② 유압 기구(hydraulic mechanism)

③ 래크와 피니언(rack & pinion)

④ 스크류와 너트(screw & nut)

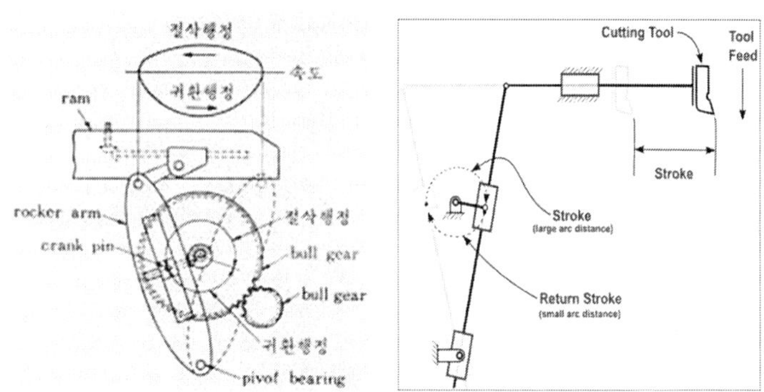

그림 8.2 Crank mechanism

(3) 세이퍼 작업

1) 절삭 속도

세이퍼의 절삭속도는 램의 행정에 대한 그 평균 속도로 나타낸다.

$$V = \frac{nL}{1000k}\ [m/\min]$$

$$n = \frac{1000kV}{L}\ [stroke/\min]$$

L : 램의 행정길이(공작물 길이 보다 길다) [mm]

k : 절삭행정과 귀환행정의 시간비(3/5 ~ 2/3)

2) 가공 시간

$$T = \frac{L}{nf}\ [\min]$$

L : 램의 행정길이(공작물 길이 보다 길다) [mm]

n : 회전수[rpm]

f : 이송속도[mm/stroke]

8.2 슬로터(slotter)

슬로터(slotter)는 세이퍼를 세워놓은 형태로, 직립 세이퍼라고도 하며, 램이 직선 상하운동을 하는 구조이다. 키홈(key slot), 스플라인(spline) 구멍 등을 가공하는데 주로 사용되며, 세이퍼(shaper)와 같이 급속 귀환운동을 한다. 밀링 머신(milling machine)에 슬로팅(slotting) 장치를 장착한 것과 구조적으로 동일하다.

그림 8.3 Slotter

8.3 플레이너(planer)

(1) 플레이너의 개요

플레이너(planer)는 세이퍼(shaper)를 대형화 한 공작기계로, 테이블이 수평 왕복운동을 하고 절삭공구인 바이트에 직각방향으로 이송운동을 부여하여 평면을 절삭하는 기계로 대형이며, 기계의 기준면 안내면이 될 평면을 1차 가공한다.

그림 8.4 Planer

(2) 플레이너의 종류

플레이너(planer)의 종류는 표와 같이 분류된다.

[표 8.1] 플레이너의 종류

컬럼 수에 따라	용도에 따라	테이블 구동방식에 따라
1) 단주식	1) 일반용	1) 기어식
2) 쌍주식	2) 특수용	2) 나사식
	(레일용, 실린더용 등)	3) 벨트 풀리식
		4) 변속 전동기식
		5) 유압식

8.4 기어 가공(gear processing)

(1) 기어 절삭법의 종류

1) 치형 성형 방법에 따른 종류

① 성형공구 기어 절삭법(formed tool system) : 플레이너, 세이퍼 등을 사용하여 치형에 맞추어 이송을 주어 치형을 완성하는 방법으로 주로 대형 기어 제작에 사용되며, 총형 공구 기어 절삭법이라고도 한다.

② 창성식 기어 절삭법(generating system) : 절삭공구와 공작물이 기어가 서로 회전할 때 접촉하는 것과 같은 상대 운동을 시켜 치형을 형성하는 방법으로 호빙머신, 기어 세이퍼 등이 해당된다.

그림 8.5 gear shaper

2) 기어 가공방법에 따른 종류

① 주조, 압연, 전조 성형법

② 밀링 가공법

③ 평삭 및 형삭법

④ 기어 절삭기(hobbing machine)를 사용해 가공하는 법

⑤ 연삭 가공법

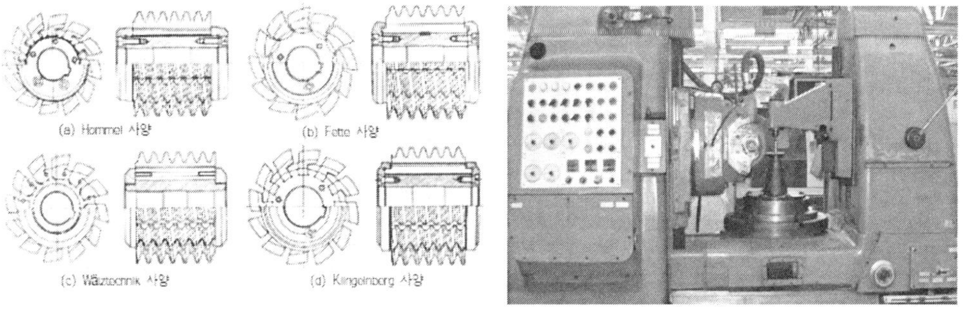

그림 8.6 hobe & hobbing machine

8.5 브로칭(broaching)

(1) 브로칭의 개요

많은 절삭 날을 가지고 있는 브로치(broach)라는 공구를 잡아당겨 한 번의 가공으로 복잡한 형상의 구멍을 완성 가공한다.

(2) 브로칭의 특징

① 다양한 단면 형상의 공작물의 가공이 가능하다.

② 1회 통과로서 절삭을 완료한다.

③ 다듬질면이 깨끗하고 균일하다.

④ 총신 내면의 스파이럴 홈 등과 같이 어려운 가공도 용이하게 처리한다.

⑤ 브로치의 제작이 힘들고 고가이나 대량 생산에 적합하다.

그림 8.7 broach & broaching

8.6 벨트 연마(belt polishing)

(1) 벨트연마(abrasive belt grinding or polishing)

연마 벨트(abrasive belt)로 가공물의 표면을 연마하고 다듬는 가공으로 이때 사용되는 기계를 벨트 연마기(abrasive belt grinder)라 한다. 예전에는 주로 목공용(belt sander) 이었으나 금속연마도 가능하지만 정밀도는 낮은 편이다.

그림 8.8 abrasive belt grinder

(2) 연마 벨트(abrasive belt)

연마 벨트(abrasive belt)는 연삭 입자, 벨트 포, 접착제의 3요소로 구성되어 있으며 이들 조합에 따라 연삭숫돌의 역할을 한다. 벨트의 폭은 50 ~ 250, 길이는 500 ~ 10,000까지 사용된다.

8.7 배럴 작업(barrel finishing)

(1) 개요

회전하는 배럴(barrel)속에 공작물과 숫돌 입자, 공작 액, 컴파운드(compound) 등과 함께 넣어 가공물이 입자와 충돌하면서 요철이 제거되어 매끈한 다듬질면을 얻는 가공법이며, 회전배럴, 원심배럴, 진동배럴이 있다.

(2) 배럴의 장점

① 금속, 비금속재료 등 응용 범위가 매우 넓다.
② 복잡한 형상의 공작물의 각부를 용이하게 가공할 수 있다.
③ 품질이 일정하고 안정된 가공을 할 수 있다.
④ 작업이 간단하고 설비도 저렴하여 경제적이다.

(3) 배럴의 회전수

일반적인 배럴(barrel)의 회전수는 다음 식으로 계산한다.

$$n = \frac{k}{\sqrt{D}} \; [rpm]$$

D : 배럴의 지름[m]
k : 상수
① 거친 가공 : 22 ~ 25
② 중간 가공 : 20 ~ 22
③ 다듬질 가공 : 17 ~ 20

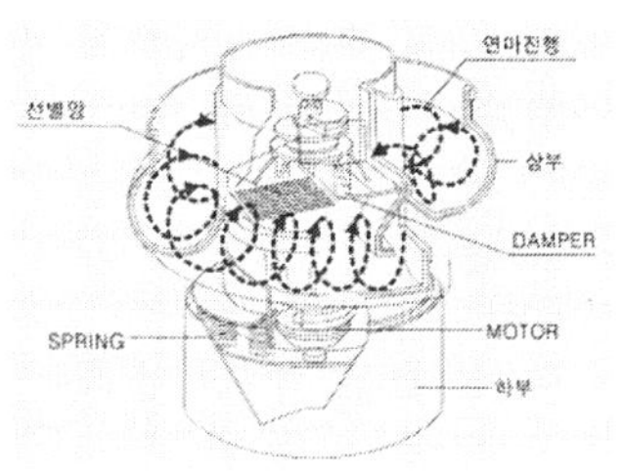

그림 8.9 배럴 작업

8.8 버니싱(burnishing)

(1) 개요

희망하는 형상을 한 공구를 공작물 표면에 강하게 누르며 이동하여 표면에 소성 변형을 주어 평활 정밀도가 높은 가공면을 얻는 가공법이며, 전성 연성이 큰 소재에 적합하고 베어링 면의 성능향상과 피로 강도를 높이는 효과가 있다. 또한 전단계의 기계가공에서 생긴 스크래치(scratch), 커터 자국(tool mark) 등을 제거하고 부식저항, 내마모성, 치수 정밀도, 표면거칠기 등을 향상시킨다.

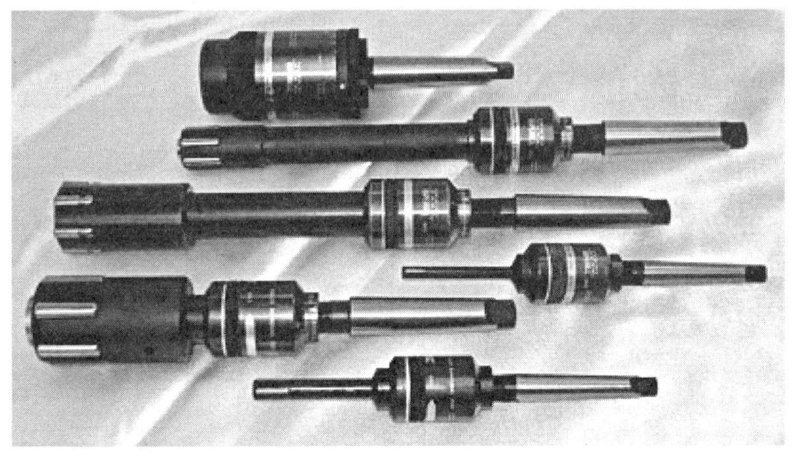

그림 8.10 버니싱 공구

(2) 버니싱의 종류

볼 버니싱(ball burnishing)은 공작물 내경보다 약간 큰 담금질된 강구(steel ball) 또는 초경합금제 볼(ball)을 공작물 내면에 압입하여 내면의 거친 요철을 압착시킴으로써 정밀한 다듬질 면을 얻는 가공법이다. 롤러 버니싱(roller burnishing)은 롤러가 1개인 것과 다수로 된 것이 있으며, 외경, 내경 등을 버니싱 할 수 있으며 선반에서 많이 사용한다.

8.9 분사 가공(blasting)

(1) 개요

가공물의 표면에 쇼트(shot)이나 그릿(grit)을 고속으로 부딪혀, 가공물의 표면의 정도를 향상시키거나 피닝 효과(peening effect)를 주어 피로강도를 증가시키는 가공방법이다.

(2) 분사 가공의 종류

① 샌드 블라스팅(sand blasting) : 모래를 고속으로 공작물의 표면에 분사시켜 가공하는 방법으로 도장면, 도금면의 기초, 주물 제품의 표면 청소 등에 사용된다.

② 그릿 블라스팅(grit blasting) : 모래 대신 강재 쇼트(shot)을 파쇄한 작은 금속인 그릿(grit)을 고압의 압축공기나 원심력 등을 이용해 고속으로 공작물의 표면에 분사시켜 가공하는 법이다.

③ 쇼트 피닝(shot peening) : 강화된 강구(steel ball)인 쇼트(shot)를 고속으로 공작물의 표면에 분사시켜 공작물의 표면을 평활하게하고 피로강도를 향상 시키는 가공법으로 주로 스프링에 활용된다. 쇼트의 재질로는 칠드 주철, 가단 주철, 일반 주철, 컷 와이어(cut wire shot) 등 철재가 주로 사용되지만 구리, 유리 등도 사용된다. 컷 와이어 쇼트는 주철제 보다 10배정도 오래 사용할 수 있다.

제9장 특수 가공

9.1 특수 가공의 개요

(1) 특수 가공

커터로서 절삭 공구나 정밀 입자 등을 이용한 절삭 가공과는 다르게 열 화학 또는 운동 에너지 등 실체가 없는 에너지를 활용하는 가공을 말한다.

특수 가공법은 일반 절삭 가공으로는 가공이 어려운 난삭재 또는 가공이 난해한 가공물이나 형상의 부품 가공을 위해 개발되었다. 일반적으로 취성이 있는 고경도 재료의 미세 가공까지 가능하다.

(2) 특수 가공의 분류

[표 9.1] 열에너지를 이용한 특수가공

에너지원 : 열	가 공 법
방전 가공	아아크 방전에 의한 열로 용융시켜, 공구 전극 형상대로 공작물에 전사하는 가공
와이어 컷 방전가공	CNC로 경로가 제어되는 와이어와 공작물 사이의 아아크 방전에 의한 열로 용융 가공
전자빔 가공	전자빔을 공작물 위에 집중 조사하여 국부적으로 발생하는 고열로 공작물을 가공
레이저 가공	레이저광을 공작물 위에 직접 조사해 국부적으로 발생하는 고열로 공작물을 가공
기타 가공	플라스마 가공, 마이크로파 가공 등

[표 9.2] 전기 화학적 에너지를 이용한 특수가공

에너지원 : 전기 화학	가 공 법
전해 폴리싱	전해액 속에 공작물을 넣고 전기를 통과시켜 전기화학적으로 미세한 돌기를 석출시켜 광택면을 얻는 가공
전해 가공	전해 폴리싱의 전기화학적 반응을 보다 크게 하기 위해 기계적 작용을 추가한 가공(내열강, 초경합금, 고장력강 등과 같이 일반 절삭가공으로 가공하기 어려운 가공물 가공)
전해 연마	연삭 가공과 전해 가공을 조합한 형태의 가공
전해 호우닝	숫돌 홀더와 공작물 사이에 전해 전류를 흐르게 한 상태에서 호우닝 가공
전해 랩핑	전해 가공과 래핑을 조합한 형태의 가공

[표 9.3] 화학 에너지를 이용한 특수가공

에너지원 : 화학	가 공 법
화학 절삭	부식액 중에 가공물을 침적하거나, 부식액을 가공물의 해당 부위에 분사해 금속을 제거하는 가공
화학 연마	일정한 온도의 강산, 약 알칼리 용액에 가공물을 단시간 담근 후 세척하여 광택을 얻는 가공

[표 9.4] 운동 에너지를 이용한 특수가공

에너지원 : 운동	가 공 법
고속액체분사	액체를 고압으로 가압하고, 아주 작은 구멍의 노즐을 통해 초고속으로 공작물에 분출시켜 그 통과 압력으로 가공

9.2 방전 가공(EDM ; electric discharge Machine)

(1) 방전가공의 개요

전극과 공작물 사이에 아아크 방전을 발생시키고, 이때 발생되는 열로 공작물을 녹여서 가공하는 방법을 말한다.

등유 순수 증류수 등 절연액 속에서 전극과 공작물 간격을 0.02 ~ 0.05mm 정도로 유지한 상태에서, 60 ~ 150V 정도의 직류 전압을 연결해 초당 103 ~ 106회 정도로 단속 시켜 펄스(pulse)성 아아크 방전을 발생시킨다.

이 아아크 방전으로 발생한 약 5,000°C의 열로 국부적으로 용융 기화하는 동시에 방전시의 충격으로 용융 부분이 비산한다.

공작물은 반드시 전도체이어야 하며, 경도나 취성 등에 관계없이 가공이 가능하고, 초경합금, 금형강, 내열 합금 등 금형 가공에 주로 활용된다.

방전가공법의 시초는 1943년 소련의 라자렌코 부부에 의해 발견되었으며, 초기에는 경질 금속의 구멍을 뚫는 등 단순한 작업에 사용 되었다.

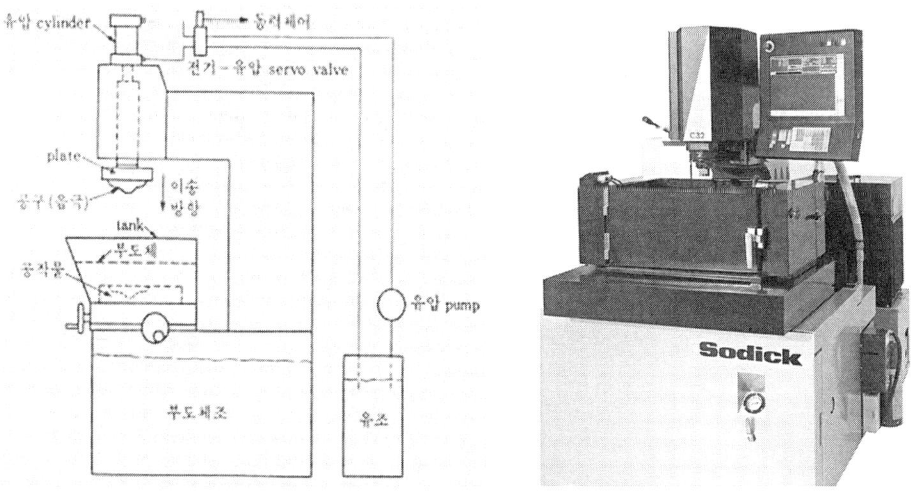

그림 9.1 방전 가공기

(2) 방전가공의 특징

- 공작물의 경도에 관계없이 가공된다.
- 인성, 취성이 큰 재료 가공에 용이하다.
- 정도가 높은 가공을 할 수 있다.
- 가공 형상이 복잡한 가공에 적합하다.
- 기계가공으로 변형이 쉬운 경우의 가공에 용이하다.

(3) 방전가공의 장점

- 재료의 경도에 관계없이 담금질강, 초경합금, 스테인레스 등 도전체 재료는 모두 가공이 가능하다.
- 담금질 후에도 가공이 가능하고 균열 및 열변형의 우려가 없다.
- 복잡한 형상의 것도 간단히 가공이 가능하다.
- 관통구멍의 정밀도가 높다.

(4) 방전가공 전극

일반적으로 황동, 흑연이 주로 사용되며 이 밖에도 은-텅스텐, 구리-텅스텐, 철, 구리, 아연, 인청동, 알루미늄 등이 사용되고 있으며, 전극재료의 구비조건은 다음과 같다.

- 피가공 재료에 대해서 안정된 가공을 할 수 있을 것.
- 가공에 따른 전극의 소모가 적을 것.
- 기계적 강도가 어느 정도 있을 것.
- 기계 가공성이 좋을 것.
- 가격이 싸고 쉽게 구할 수 있을 것.

(5) 전극 재료별 특성

전극 재료별 특성은 다음과 같다.

① 황동 : 다소 소모비가 큰 결점이 있으나 관통형이나 거친 가공에 많이 사용된다.

② 흑연 : 순도가 높은 것이 유리하며 순흑연이 사용되는데, 빠른 가공성과 전극의 소모량이 적고 복제 기능이 우수해 저부형 등의 복잡한 형상의 방전가공에 널리 사용된다.

강도가 약하므로 전극 제작시 충격으로 형상 중요부의 파손에 유의해야 하며, 전극 가공시 절삭저항이 매우 적어 절삭 깊이에 대한 치수의 추종성이 매우 우수하므로 고정도 치수 정밀도를 얻기에 유리하고 연삭 가공도 무리가 없어 얇은 치수의 제작도 가능하나 분진이 많이 발생하는 단점이 있다.

③ 은-텅스텐 : 전극 소모가 적어 고정밀 다듬질 작업에 적합하며 초경질 합금이나 다이아몬드 등 고도의 가공에 가장 우수하다.

④ 구리-텅스텐 : 은-텅스텐 다음으로 고경도의 가공성이 우수하며, 은-텅스텐보다 가격이 저렴하여 많이 사용되고 있다.

⑤ 철 : 순철이 유리하며 전극의 마모가 커서 특수한 경우에만 사용된다. 마모율을 감안하여 길게 제작하며, 간단하고 치수 정밀도가 요구되지 않는 펀치, 다이를 일체로 제작할 때 사용된다.

⑥ 구리 : 구리-텅스텐, 은-텅스텐보다는 다소 떨어지나 미세 구멍의 방전 등 복제 기능이 우수하다. 어느 정도 무 소모 가공이 가능하고 가격이 저렴하여 저부형의 가공에 널리 사용되며, 순도가 높은 것일수록 좋은 특성이 있어 99.9% 이상의 순도가 필요하다.

⑦ 아연 : 구리의 함유량이 많은 합금이 유리하며, 유소모 가공시 철 이외의 타 재료에 비해 저렴한 장점이 있다.

⑧ 인청동 : 가는 구멍이나 가는 홈통 가공용 전극으로 강성이 필요한 경우 사용한다.

⑨ 알루미늄 : R.C회로에서는 안 쓰지만 새로운 전원 방식에서는 가공속도가 향상되어 사용이 가능하다.

그림 9.2 방전 전극

[표 9.5] 전극 재료별 특성

전극 재료	장 점	단 점	용 도
구 리	-정밀도 높은 방전가공 -전극 저소모 -저렴한 가격	-절삭 및 연삭 곤란 -큰 전극 중량 (비중 큼)	-가장 일반적으로 사용 -밑바닥 형상가공
그래 파이트 (흑연)	-절삭, 연삭 가공 용이 -전극 저소모 -높은 가공 속도 -가벼운 중량 -저렴한 가격(구리와 비슷)	-절삭 및 연삭 곤란 -큰 전극 중량 (비중 큼)	-일반용 -고정밀도 필요하지 않는 곳
CU-W AG-W	-높은 연삭성 -유소모 조건에서 소모 적음	-높은 가격 (CU-W:구리의 40배) (AG-W:구리의 100배) -구입이 어렵다 -한정된 소재의 형상	-정밀금형 -초경합금 -Punch와 전극 동시 연삭
황 동	*절삭이 용이	-소모가 심하다	-관통 구멍

(6) 방전 방식

1) RC회로 - 축전기법(畜電器法)

축전기법의 대표적인 회로의 예로서, 직류전원으로부터 가변저항을 지나 condenser C를 축전하고, 이 전류가 방전하는 사이에 가공부의 가공이 이루어진다. 양극과 음극의 간격을 일정하게 유지하도록 이송기구에 의하여 공구인 음극을 이송한다. 공작액으로는 변압기유, 석유, 물 및 비눗물을 사용한다.

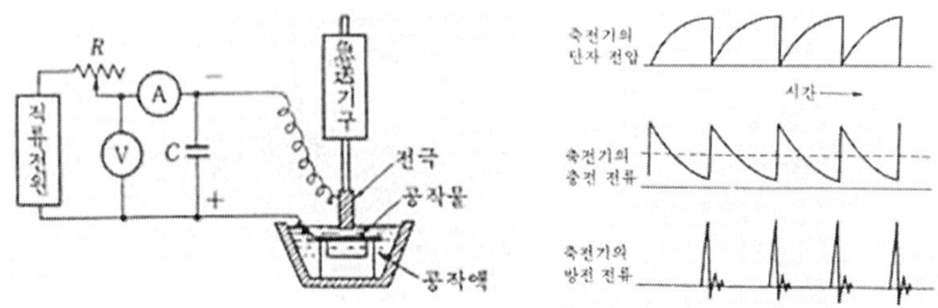

그림 9.3 RC회로 – 축전기법(畜電器法)

전원전압은 30 ~ 400V로서 높을수록 가공능률은 좋으나 가공면이 거칠게 되므로 100V 정도가 많이 채용된다. 저항은 작을수록 전류가 많이 흘러 가공능률은 좋으나 너무 작으면 간헐방전을 하지 않고 방전이 지속되어 가공할 수 없게 되므로 보통 10Ω 정도로 한다. 축전기의 용량이 크면 가공능률은 좋으나 가공 정도가 좋지 못하므로 보통 100 ~ 200㎛F 정도로 한다.

2) RLC 회로 - 저전압 직류법

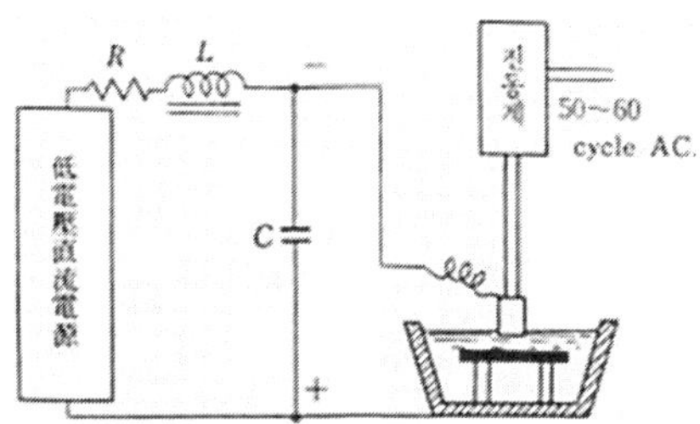

그림 9.4 RLC회로 - 저전압 직류법

RC 회로를 개량한 것으로 아크가 지속되지 않고 단절되어 빠른 충전이 되므로 가공 속도가 빠르다.

3) 임펄스 발전기 회로

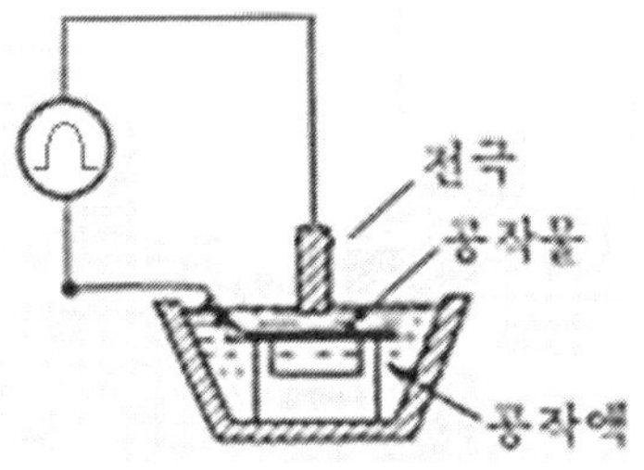

그림 9.5 임펄스 발전기 회로

단극성의 임펄스(impulse)를 발생하는 특수 발전기를 반파 정류하여 부여해 임펄스가 있을 때 마다 방전 일어나는 회로방식 이다.

9.3 와이어 컷 방전 가공(WEDM)

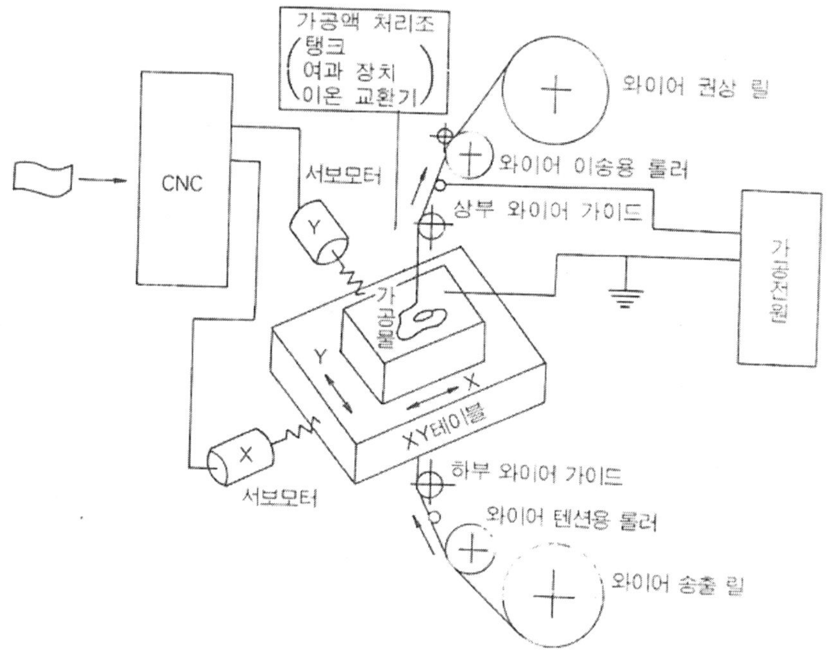

그림 9.6 WEDM(wire-cut electric discharge machine)

와이어 컷 방전가공(WEDM ; wire-cut electric discharge machine)은 연속적으로 Wire (공구)와 CNC에 의해 제어되는 X-Y 테이블 상에 고정된 가공물을 임의 윤곽 형상으로 움직여 가공하는 기계이다. 일반적으로 와이어의 지름이 0.05 ~ 0.1mm의 범위 내에서는 텅스텐선(W)을 사용하고, 0.1 ~ 0.33mm에서는 황동선(BS)을 사용한다.

와이어는 상하 2개의 와이어 가이드(wire guide)를 지점으로 항상 일직선으로 당겨지고 있어야 한다.

9.4 전자빔 가공(electron beam machine)

(1) 전자빔 가공의 개요

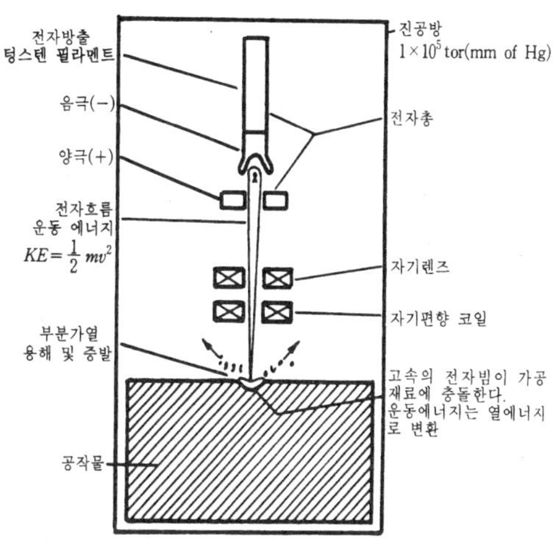

그림 9.7 전자빔 가공

고에너지로 가속된 전자빔을 10^{-4} ~ 10^{-6}[torr] 정도의 진공 속에서 가공물 표면에 조사하고, 전자빔이 가진 운동 에너지를 열원으로 하여 가공물 일부를 선택적으로 가열(약 400 °K)하여 용해 또는 증발로 제거하는 정밀 가공법이다.

전자빔 지름을 1 ~ 10 ㎛로 줄임으로서 에너지 밀도는 10^6 ~ 10^9 J/㎟.s 가 되어 고융점 재료 또는 고경도 재료의 미세가공을 할 수 있다.

전자빔은 편향제어가 쉬워 복잡한 형상가공이 가능하나 가공환경에 진공이 필요한 약점이 있다.

(2) 전자빔 가공 원리

고속의 전자를 에너지원으로 하여 공작물 표면에 충돌시켜 가공하므로 레이저 빔(laser beam) 가공과 유사하나 사용시 진공이 필요하고 광범위한 금속재료를 표면 정도가 아주 우수한 부품으로 가공할 수 있다.

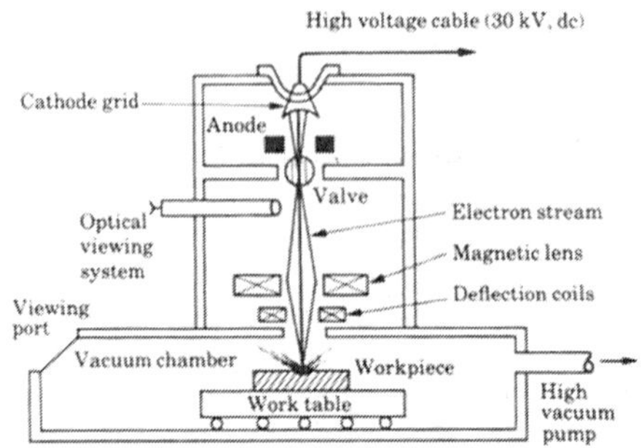

그림 9.8 전자빔 가공 원리

9.5 이온빔 가공(ion beam machine)

이온은 기체를 고온으로 하거나 전기방전 또는 자외선과 같이 짧은 파장의 빛에 의해서 발생한다.

이온은 전기장에 의해서 가속되는데, 이렇게 가속된 이온은 고 에너지 상태가 된다. 보통은 1 ~ 0.01Pa 정도의 아르곤(Ar), 크립톤(Kr), 제논(Xe)과 같은 불활성 기체를 방전을 통해 고 에너지 상태로 이온화 하고, 이 이온을 재료에 충돌시켜 재료표면을 제거 또는 퇴적 가공을 할 수 있다.

이온 빔 가공(ion beam machine)은 반도체 가공과 같은 정밀·미세가공이 필요한 프로세스에서 제거가공(sputtering), 임플랜팅(implanting), 퇴적가공(deposition) 등 여러 방법이 실용화되고 있다.

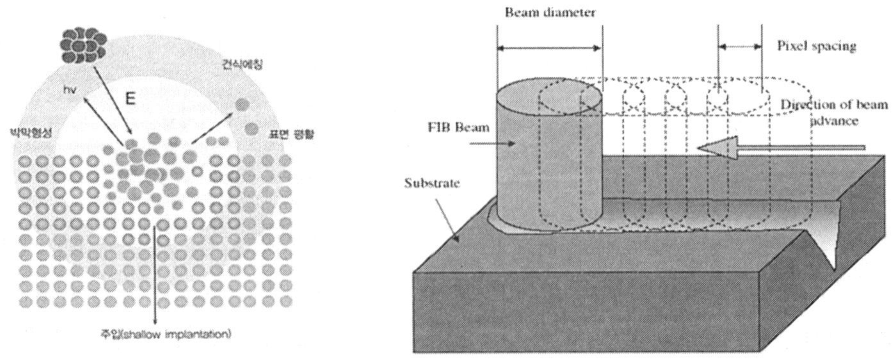

그림 9.9 이온빔 가공 원리

9.6 플라즈마 가공(plasma machining)

(1) 개요

"플라즈마(plasma)는 전장(電場)중에서 형성되어, + 와 - 의 전하가 같은 밀도로 존재하고 평형하에 있는 상태의 하나" 라고 정의된다. (고체, 액체, 기체에 연이은 제4의 상태임)

플라즈마에는 핵융합 등에 이용되는 강전리 플라즈마로부터, 글로우(glow) 방전으로 이루어진 약전리 플라즈마로 나누어진다. 플라즈마 가공(plasma machining)에는 약전리 플라즈마가 이용되며 각종 재료의 절단, 용사, 용접, 질화처리 등이 있다.

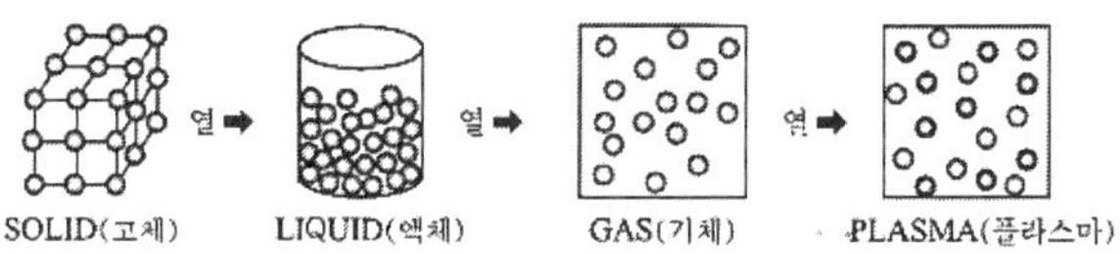

그림 9.10 플라즈마 발생 과정

(2) 프라즈마 절단

전통적인 절단 방법인 산소 가스 절단(Oxy fuel-Gas Cutting, OFC) 방식과 유사하지만 열원이 플라즈마(이온화 된 가스) 빔으로 비철 및 스테인레스강 후판 고속절단에 사용된다. 작업이 빠르고 절단 폭이 좁고, 절단된 표면 정도가 우수하다.

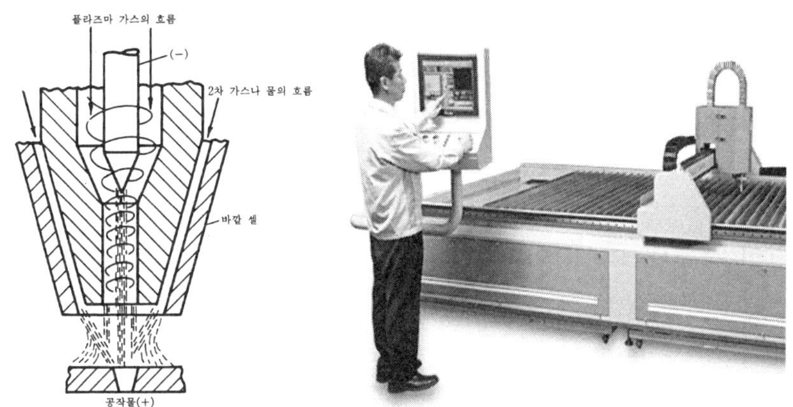

그림 9.11 플라즈마 절단

(3) 프라즈마 용사

플라즈마 용사는 고주파 전기 아크를 이용하여 가스를 전자, 중성자, 양자로 이온화 시켜서 플라즈마를 형성하고, 이온화된 플라즈마가 재결합하면서 16,500℃의 고열을 발생시키며, 650m/sec의 비산속도를 이용하여 용사 재료를 용융하여 코팅층을 형성시킨다. 플라즈마 용사에 사용되는 가스는 불활성 가스로서 주로 아르곤과 수소를 사용한다.

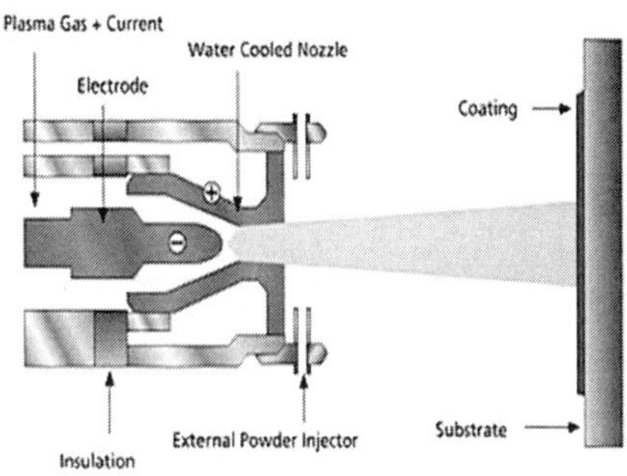

그림 9.12 플라즈마 용사

열에너지를 집중시키고, 아크의 안전성이 양호하며, 용사기법 중 코팅의 용착에 있어서 가장 신뢰성 있는 기법으로 금속, 비금속 탄화물, 산화물, 붕화물, 질화물, 규화물 등을 유기 플라스틱이나 유리등에도 용사할 수 있다.

산소-아세틸렌 용사에 비해 고품질의 코팅을 얻을 수 있고, 모든 종류의 물질을 용사할 수 있으며, 산화 또한 적다.

세라믹 코팅 장비 중 가장 고품질을 얻을 수 있으며, 코팅층의 접착강도, 탄성계수, 파단계수 등의 특성치가 높다.

9.7 레이저 가공(laser machining)

(1) 개요

레이저 가공(laser machining)은 고도로 집중된 에너지로 공작물을 가열. 용융. 증발시켜 원하는 형태로 가공하는 것으로 재료절단, 용접, 열처리 및 표면처리까지 다양하게 활용되고 있다.

레이저(LASER ; Light Amplification by Stimulated Emission of Radiation) 가공은 1960년대 개발되어 45mm의 고체 루비에서 0.69㎛ 파장과 10^6~10^8 W/cm^2 정도의 파워 밀도를 가지고 있어 가공시 열 변형이 적고 재료의 변질도 적다.

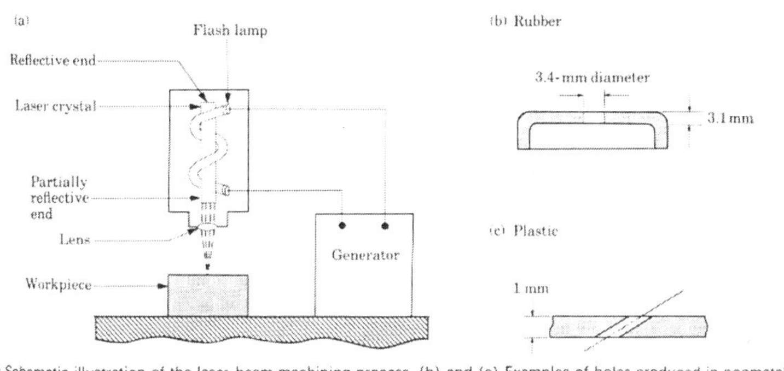

(a) Schematic illustration of the laser-beam machining process. (b) and (c) Examples of holes produced in nonmetallic parts by LBM.

그림 9.13 레이저 가공(laser machining)

(2) 레이저가공의 장. 단점

레이저 가공의 장점은 다음과 같다.

① 세라믹, 유리, 타일, 대리석 등 고경도 및 취성 재료의 가공이 용이하다.

② 비접촉가공이므로 가공 중 소재에 반력이 없고 플라스틱, 천, 고무, 종이 등의 재질이나 극히 얇은 판 등을 변형 없이 고정도로 가공할 수 있다.

③ 컴퓨터 혹은 CNC 제어로 자유곡선 등의 복잡한 형상을 쉽게 가공한다.

④ 가공소음 적고 공구의 마모가 없다.

⑤ 빔 집속을 통해 가공부를 최소화 하므로 열 영향을 줄일 수 있다.

⑥ 빛의 전송을 통해 가공영역의 확대 혹은 광섬유를 사용한 로봇과의 협업이 가능하다.

레이저 가공의 단점은 다음과 같다.

① 광학부품의 경우 오염을 방지할 수 있도록 주의해야 한다.

② 장비가 고가이다.

③ 반사율이 큰 재료의 가공이 곤란하며 표면에 흡수제 처리 등이 필요하다.

④ 가공 전 재료의 오염 등 레이저 에너지 흡수 조건에 변화가 생기지 않게 해야 한다.

(3) 레이저가공의 종류

레이저의 발진재료에 따라 CO_2레이저, YAG(yttrium, aluminum, garnet)레이저, 엑시머(excimer)레이저 가 있다.

1) CO_2 레이저

4준위 레이저로 고효율, 고출력으로 레이저 가스(CO_2, N_2, H_2 혼합가스)의 흐름방향과 방전방향, 레이저 빔의 방출 방향에 따라 동축형과 직교형이 있으며, 그림에는 동축형을 나타내고 있다. 파장은 10.6㎛이며, 반사경의 설정위치와 각도가 조금만 달라져도 레이저 빔 스폿이 크게 벗어나게 되므로 YAG레이저에 비해 유연성이 낮다.

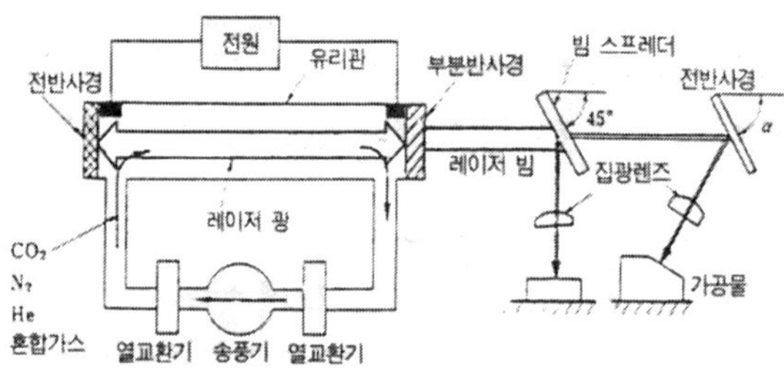

그림 9.14 동축형 CO_2 레이저 가공

2) YAG 레이저(yttrium, aluminum, garnet)

4준위 레이저로 1.06㎛의 파장을 가지며, 낮은 에너지 변환효율(약1%)과 펄스적인 높은 출력발진을 얻으며, 저렴한 파이버(fiver) 사용으로 다양한 가공 시스템을 구축할 수 있고 CO_2레이저 보다 소형이다.

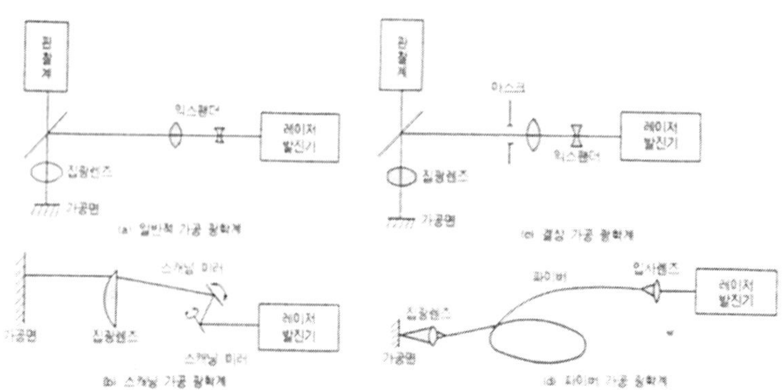

그림 9.15 YAG 레이저 가공

3) 엑시머 레이저(excimer laser)

이중 원자 구조(diatomic molecule)를 가지며 1펄스 당 1줄 정도의 에너지를 발생한다. 여기 상태(excited state)에서는 안정성을 가진 결합형(bound form)을 유지하면서 상호 인력이 작용하지만, 비 결합형(unbound form)인 기저 상태(ground state)에선 상호 반발력이 작용한다. 이 양 상태의 에너지 차이를 이용한 것이 엑시머 레이저이며, 가공 기계는 ArF(193㎚), KrF(248㎚), XeCl(308㎚)의 세 종류가 있다.

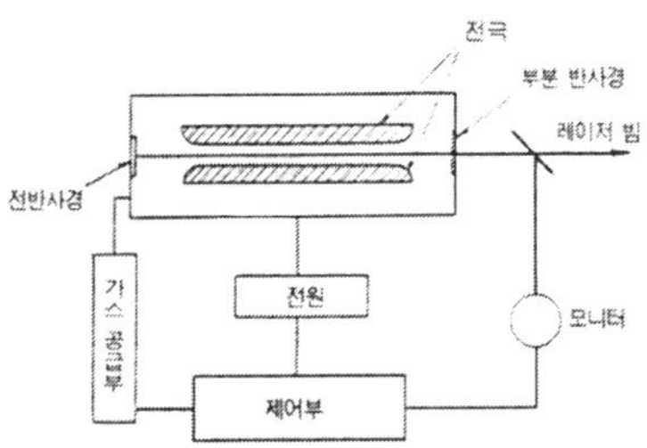

그림 9.16 엑시머 레이저 가공

9.8 초음파 가공(ultrasonic machining)

(1) 개요

초음파 가공(ultrasonic machining)은 16K cycle/sec 이상의 초음파를 봉 또는 판 형상의 공구에 초음파 진동을 가하여 공구와 공작물 사이의 랩제(lap powder)에 진동을 타격하여 정밀하게 가공하는 방식이다. 랩제로 SiC, B4C, 다이아몬드 등을 물과 혼합한 공작액을 가공부에 공급하며 초음파 진동을 주면 공작액 속의 지립이 강한 운동에너지를 갖게 된다.

가공할 모양으로 성형한 연강제 공구에 16 ~ 25㎑의 초음파 진동을 시키며, 이때 진폭은 약 40 ~ 60㎛이다.

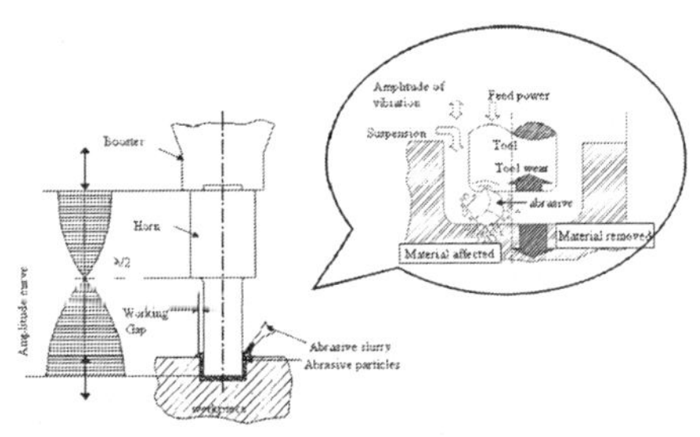

그림 9.17 초음파 가공

진폭 5㎛로 공진할 때 초음파진동 가속도는 약 $3.2\times10^5(m/s^2)$로 중력가속도 $9.8(m/s^2)$의 10^4배 이상의 강력한 값을 가지게 되며 유리, 세라믹(Ceramic) 등과 같은 난삭재 가공에 효과가 크다. 초음파 진동의 발생장치는 고주파 발생기와 변환기(transducer)가 증폭장치로는 콘센트레이터(concentrator)가 사용된다.

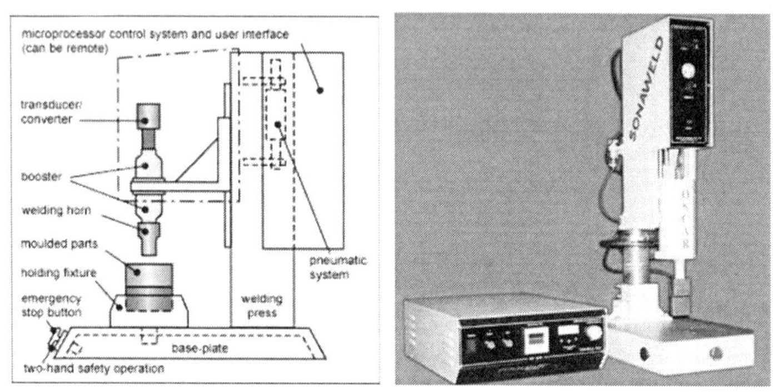

그림 9.18 초음파 가공기

(2) 초음파 가공의 장점

초음파 가공의 장점과 특징은 아래와 같다.

① 초경질 또는 취성이 큰 재료를 가공할 수 있다.

② 절단, 구멍 뚫기, 평면가공, 표면가공 등이 가능하다.

③ 전기적으로 불량도체일지라도 가공이 가능하다.

④ 가공 변질 층 및 변형이 적다.

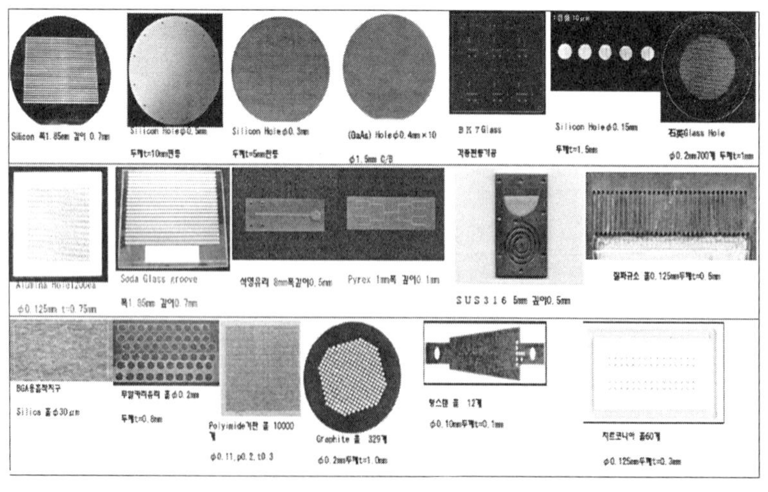

그림 9.19 초음파 가공 제품

9.9 전해 가공(electrolytic machining)

(1) 개요

전해 가공(electrolytic machining)은 전기화학가공(ECM ; electro chemical machining)이라고도 하며, 전해연마의 전기화학적 반응을 보다 크게 하고 기계적 작용을 첨가시킨 가공법으로 공작물을 양극으로 하고 음극전극과 함께 알칼리(alkali)성의 전해액에 넣어 가공부를 전해 시켜 구멍을 뚫거나 홈 가공을 한다.

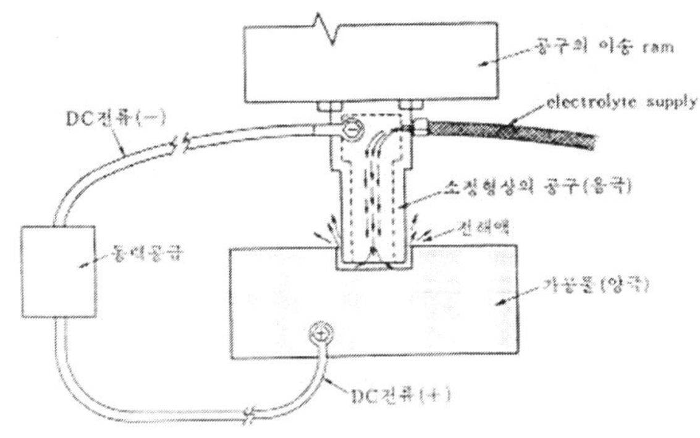

그림 9.20 전해 가공(ECM)

(2) 전해가공의 특성

1) 장점

① 재료의 경도 인성에 관계없이 일정한 속도록 가공할 수 있다.

② 공구인 전극의 소모가 전혀 없고 가공속도가 빠르다.

③ 복잡한 형상의 가공을 하나의 공정으로 처리한다.

④ 열작용, 기계적 작용이 없기 때문에 가공 변질층이 생기지 않는다.

⑤ 경면을 얻을 수 있고, 가공속도가 높을수록 좋은 다듬질면을 얻는다.

2) 단점

① 전해액은 부식성이 있으므로 대책이 필요하다.
② 전해 생성물이 슬러지(sludge)의 처리 대책이 필요하다.
③ 공구인 전극의 제작이 어렵다.
④ 복잡하고 섬세한 형상은 정밀도가 떨어진다.

3) 가공 특성

① 전극에 전착이 발생되지 않고 가공물을 높은 전류효율로 용출시켜야 한다.
② 전극과 가공물 사이의 생성물을 제거하여야 한다.
③ 가공중에 발생하는 열을 제거하여야 한다.
④ 전기 전도도는 높고 점도는 낮아야 한다.
⑤ 부식성이 적고 유독성이 없어야 한다.
⑥ 구하기 쉽고 가격이 저렴해야 한다.

9.10 전해 연마(EP ; electrolytic polishing)

(1) 개 요

전해 연마(EP ; electrolytic polishing)는 전기도금의 역(逆) 공정 개념이며, 직류전원을 이용해서 전해액 중에 제품을 침적시켜 전극 측에 (-), 제품 측에 (+) 전류를 흘려 제품의 표면에서 금속의 이온(Fe, Cr, Ni 등)을 용해시켜 표면의 연마를 행하는 방법이다.

금속이온은 용해되기 쉬운 순서가 있는데 부식의 원인이 되는 Fe(철)이 가장 쉽게 용해되며 Ni, Cr, Mo 등이 그 다음으로 용해된다. 그 결과 제품의 표면에는 Fe 성분이 감소되고, 따라서 녹 발생이 어려운 성분 비율이 높아짐에 따라 내식성이 증가하게 되는 것이다.

일종의 산화피막인 강한 부동태 피막이 형성되어 내식성 증가와 미소한 요철의 제거로 인한 광택도 향상된다. 기계적 연마(Buffing 등)에 의한 미소한 크기의 이물질 제거 등에 효과적이다.

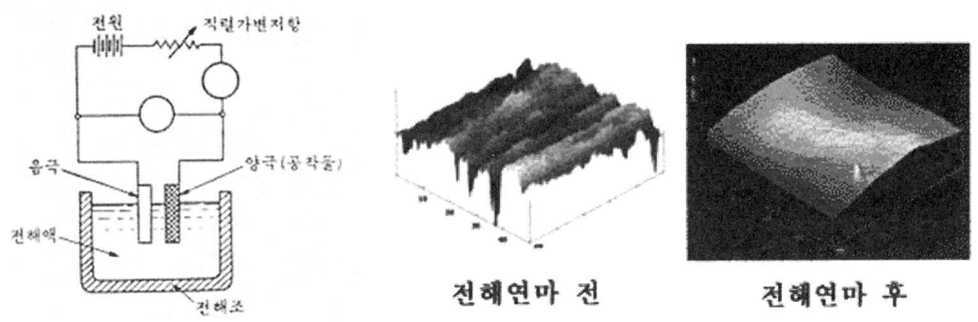

그림 9.21 전해 연마(EP)

(2) 전해연마의 특성

지금까지 전해연마 기술은 장식이나 광택을 내기 위한 목적으로 "기능적 표면 기술"로 그쳤으나, 이에 더하여 고순도의 표면을 내는 기술이 필요하게 되었으며, 다음과 같은 특성이 있다.

1) 장점

① 가공 표면에 가공 경화층을 생성하지 않음으로 잔류응력이 거의 없다.
② 전해 과정에서 표면에 붙어 있는 불순물이 제거되고 부동태화 피막이 형성됨으로 내부식성이 좋아 진다.
③ 전기적인 작용임으로 형상에 구애받지 않고 표면 연마를 수행할 수 있다.
④ 가공 표면이 버핑(buffing)에 비해서 훨씬 더 평활하고 광택을 낸다.

2) 단점

① 전해 연마는 피 연마제의 화학적 조성 및 기계적 성질에 따라서 연마 정도가 변한다. 따라서, 오스테나이트(austenite)나 구리(copper)등 재질에 제한이 있다.
② 용접부와 같이 요철이 큰 조건에서는 연마 효과가 매우 낮다.
③ 전해 연마 실시전에 기계적 연마로 표면을 미리 평활하게 가공해야 한다.
④ 국내 업체의 경우, 전해 연마에 대한 시장성이 높지 않아 업체 선택의 폭이 좁다.

3) 주요 용도

① 반도체 제조 장치와 고순도 초고진공 장치

② 원자력 등의 중요 부위의 내식성의 향상

③ 의약품 제조장치의 청정화, 내식성 향상

④ 의약기기 관련의 제균 효과나 병원내의 감염 방지

⑤ 제조기기의 원료에 대한 위생도 향상이나 장치 부품의 내식성 향상

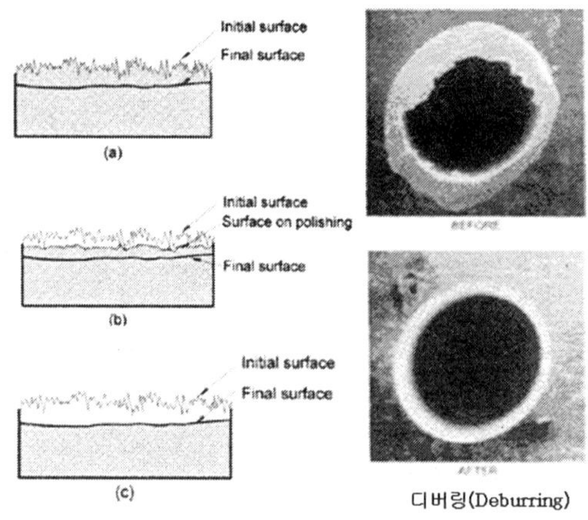

그림 9.22 전해 연마 전. 후 비교

9.11 전해 연삭(EG ; electrolytic grinding)

(1) 개요

전해 연삭(EG ; electrolytic grinding)은 전기 화학적 용해작용과 기계적 연삭작용을 중첩시킨 가공법으로 전해연마에서 나타난 양극(+)의 생성물을 전해작용으로 제거하는 작업으로 작업속도가 빠르고 숫돌의 소모가 적으며, 가공면이 연삭 다듬질보다 우수하다. 가공조건으로 접촉 압력은 2 ~ 3N/cm^{3}이 쓰이며 가공속도가 증가되면 전극소모가 크다.

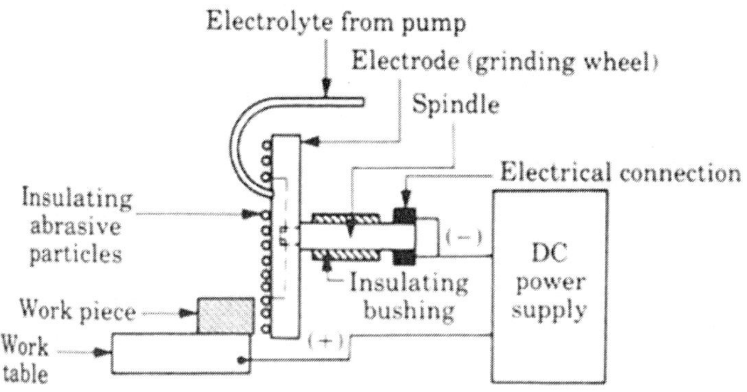

(a) Schematic illustration of the electrochemical-grinding process.

그림 9.23 전해 연삭(EG)

(2) 특징

전해가공과 일반 연삭가공을 조합한 형태로 공구 즉 회전하는 연삭 숫돌이 음극의 역할을 하면서 전해액(electrolyte)을 유동시켜 공작물 표면(양극)을 전해시키면서 공작물 표면의 소재를 제거한다. 숫돌 마모가 심한 경우의 가공에서는 전해 연삭이 큰 장점을 보이며 다음과 같은 특징이 있다.

① 경도가 높은 재료 일수록 연삭 능률이 기계 연삭 보다 높다.
② 박판이나 형상이 복잡한 공작물을 변형 없이 연삭 할 수 있다.
③ 연삭 저항이 적으므로 연삭 열 발생이 적고 숫돌의 수명이 길다.
④ 설비비와 숫돌 가격이 비싸다.
⑤ 필요로 하는 다양한 전류를 얻기가 힘들다.
⑥ 다듬질 면은 광택이 나지 않는다.

9.12 화학 연마(CP ; chemical polishing)

강산, 강알칼리 산화제와 같은 가열된 용액에 금속 또는 합금을 담그는 것만으로 금속 면의 돌출 부분을 화학적으로 용해시켜 광택이 나는 평활한 면으로 만드는 것으로 키린스 다듬질이라 하여 구리 ·황동 등의 지금(地金)을 도금하는 전처리로서 행하여졌다.

전해연마에 비해서 전기에너지가 불필요하며 조작이 간단하고 단시간에 대량 처리가 가능하고 균일하게 다듬질 할 수 있으나, 작업 중 연마욕(研磨浴)에서 유독가스가 발생하는 결점이 있다.

다음의 표에는 침전 전해연마(EP ; electrolytic polishing), 화학 연마(CP ; chemical polishing), 기계 연마(buffing)의 3가지 연마작업에 대한 특성비교를 요약하였다.

[표 9.6] 연마 작업의 특성 비교

	침전전해연마[E.P]	화학연마[C.P]	기계연마[Buffing]
평활성	◎	△	○
연마표면	(초) 경면	광택없음	광택
실효면적	극소(micro 적 개선)	大	大
비부착성	◎	×	△
가공굴곡	없음	없음	있음
내식성	○	△	×

제10장 정밀 측정

10.1 정밀측정의 개요

로봇 부품(robot parts), 자동화 장치 부품 및 기계 장치 부품 등 사용목적에 따라 치수, 형상 등이 제작도에서 요구하는 대로 가공이 되어져야 한다. 정밀 측정(precision measurement)이란 기계가공 또는 기타 특수가공으로 가공된 다양한 장치 부품들의 치수, 각도, 형상, 표면거칠기 등에 대해 기준량과의 비교차를 측정기를 통해 측정하고 나타내는 것이다.

(1) 측정 용어

1) 최소 눈금(minimum scale value)

측정기에서 측정할 수 있는 최소값으로, 측정기 1눈금의 지시 변화에 해당하는 측정량을 밀한다.

2) 감도와 배율

서로 유시한 의미를 내재하고 있는데 감도(sensitivity)는 측정기의 민감한 정도를 의미하는 것으로 측정량의 변화 대비 지침의 흔들림 크기를 말하며, 배율(magnification)은 측정량의 확대 비율을 의미하는 것으로 최소눈금 대비 눈금선 간격으로 나타낸다.

$$\text{감도}(E) = \frac{\text{지시량의 변화}(\Delta A)}{\text{측정량의 변화}(\Delta M)}$$

$$\text{배율}(V) = \frac{\text{눈금선 간격}(l)}{\text{최소눈금}(s)}$$

3) 지시범위와 측정범위

지시범위는 측정할 수 있는 범위 또는 측정할 수 있는 량(量)을 말하며, 측정범위는 실제 측정할 수 있는 크기에 대한 절대값 기준의 범위를 말한다.

예를 들어 125 ~ 150[mm] 마이크로미터(micrometer)의 경우, 지시범위는 25[mm], 측정범위는 125[mm]에서 150 [mm]까지가 된다.

(2) 측정의 종류

1) 직접측정(direct measurement)

자(scale)처럼 측정값을 측정기를 통해 직접. 바로 읽을 수 있는 방식으로 가장 많은 종류의 측정기가 있다. 다품 소량 측정에 적합하고 측정오차를 내기 쉽기 때문에 정밀 측정에는 숙련과 경험이 필요하다. 예)버니어 캘리퍼스, 마이크로미터, 측장기 등

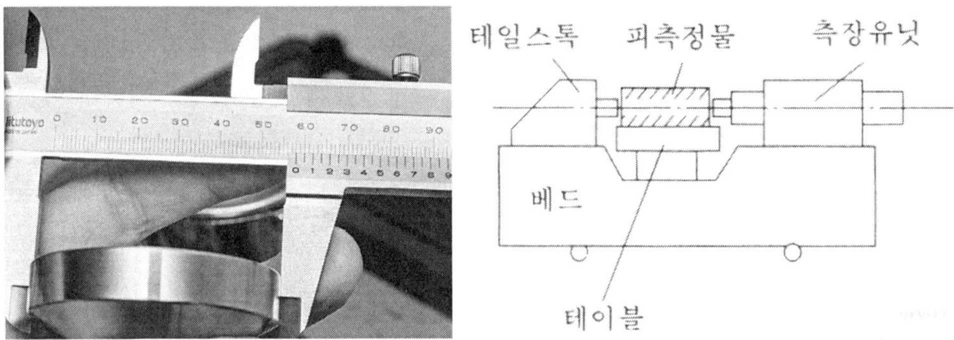

그림 10.1 직접측정(버니어 캘리퍼스, 측장기)

2) 비교측정(relative measurement)

표준편인 기준게이지(standard)와 제품을 측정기로 비교하는 방식으로 다음과 같은 특징이 있다.

① 표준편과 제품을 측정기로서 상대적으로 비교하여 측정한다.

② 고 정밀도의 측정을 비교적 쉽게 측정할 수 있다.

③ 측정 초기에는 세팅(setting) 시간 필요하다.

④ 제품의 치수가 고르지 못한 것을 계산하지 않고도 파악할 수 있다.

⑤ 직선 치수뿐만 아니라 형상측정, 공작기계의 정밀도 검사 등 사용 범위가 매우 넓다.

⑥ 자동화 및 원격 측정관리가 가능하다.

⑦ 측정범위가 좁고 직접 제품의 치수를 읽을 수 없다.

(지시범위에 대해서는 쉽게 파악할 수 있으나 측정범위는 직접 읽을 수 없다.)

⑧ 기준치수인 표준게이지(standard)가 필요하다.

대표적인 비교측정기는 다이얼게이지(dial gauge), 미니미터(mini miter), 공기 마이크로미터(air micrometer), 전기 마이크로미터(electrical micrometer) 등이 있다.

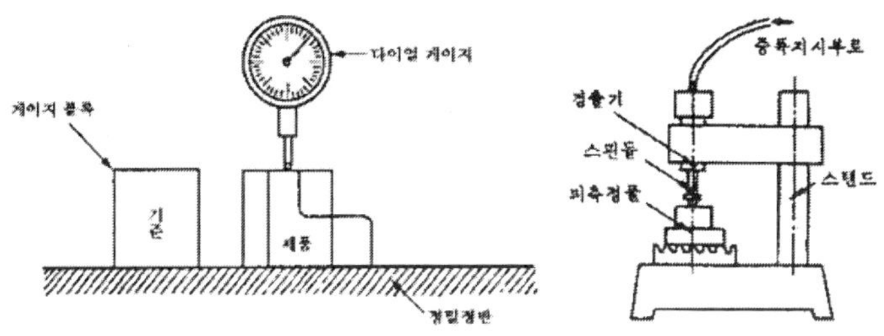

그림 10.2 비교 측정(다이얼 게이지, 전기 마이크로미터)

3) 간접측정(indirect measurement)

나사의 유효경, 기어의 이두께, 테이퍼처럼 측정기의 직접 접촉이 곤란한 형상의 제품을 측정하는 방법으로 보통은 직접측정을 한 후 계산에 의하여 최종 값을 산출하는 방식이다. 측정핀 등 측정 보조 장치가 측정기와 함께 사용된다. 예)사인바(sine bar), 테이퍼(taper), 삼침법, 더브테일(dovetail) 측정 등.

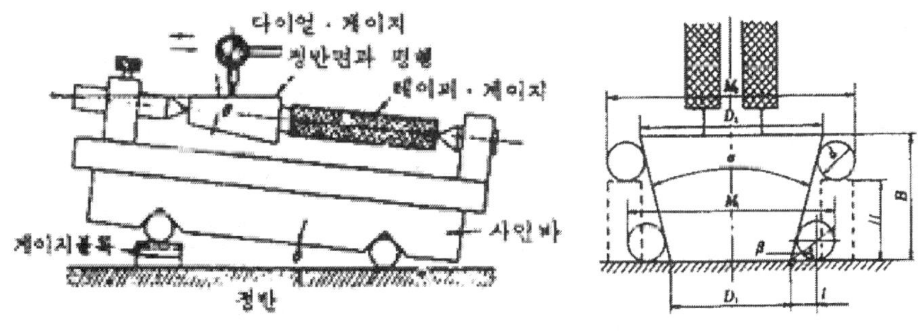

그림 10.3 간접 측정(sine bar, taper 측정)

4) 한계 게이지(limit gauge)

완성된 제품이 공차범위 내. 외에 들어오도록 가공되었는지, 허용한계치수 내로 가공되었는지 즉, 합격 여부만을 판정하는 측정 방식이다. 합격. 불합격만 판정하므로 측정이 쉽고 대량측정에 적합하지만, 측정 치수마다 1세트의 게이지가 필요하고 실제 치수를 직접 읽을 수 없다.

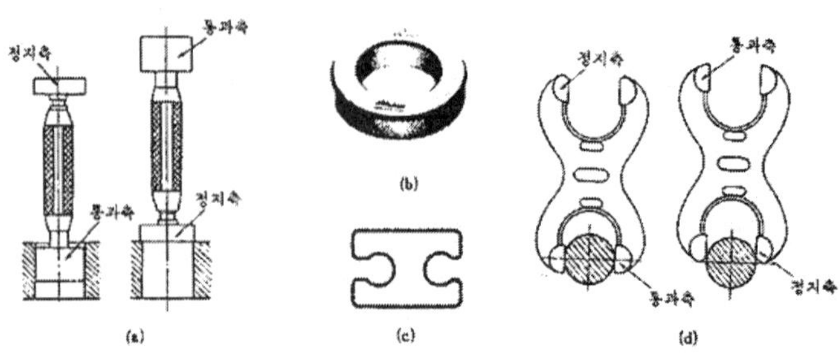

그림 10.4 한계게이지

(3) 공차와 오차

1) 공차(tolerance)

제품을 가공할 때 작업자의 숙련도 기계의 정밀도 등을 고려하여 가공치수에 상하 범위를 주는 것으로 두 개의 부품을 조립 또는 끼워 맞춤 할 때 호환성을 부여하기 위함이다.

공차의 허용 범위가 좁을수록 정밀한 제품이 되며, 일반적으로 축에는 (-)공차를 보스(boss)에는 (+)공차를 부여하여 끼워맞춤을 원활하게 하도록 한다.

공차 = 최대허용치수 - 최소허용치수

2) 오차(error)

가공물의 실제 치수와 측정된 치수와의 차이 즉, 측정 에러(error)를 오차라 하며, 작업자가 제작도와 상이하게 가공한 오차는 가공 오차가 된다.

오차 = 측정치 - 참값 (또는, 측정 치수 - 실제 치수)

(4) 측정 오차의 종류

1) 개인 오차

눈금을 읽을 때 측정하는 사람의 개인 습관이나 버릇에서 기인하는 오차로서 측정 숙련도에 따라 감소시킬 수 있으며, 시차(視差)가 대표적이다.

2) 기기 오차

측정기 자체가 가지고 있는 오차로서 동일 방향으로 오차가 발생하며, 그 원인은 측정기의 노후 또는 마모, 백래시(back lash), 스프링에 의한 귀환 오차 등에 기인한다. 보정 값으로 교정이 가능하다.

◈ 기기 오차의 보정 값 계산에 주의하여야 한다. 즉, 측정기에 내재된 직접측정에서의 오차의 보정과, 비교측정에서 기준 시편(standard)에 내재된 오차의 보정은 그 방향이 서로 반대일 수밖에 없다.

3) 우연 오차(환경 오차)

온도, 기압, 탄성 변형, 습도 등에 기인한 오차로서 보정이 어느 정도 가능하다. 따라서 KS에서는 온도 20°C 기압 760mmHg, 습도 58%를 표준 측정온도로 규정하고 있다.

온도변화에 따른 길이의 변화량은 다음 식으로 계산한다.

$$\Delta L = L \times \alpha \times \Delta t\ [mm]$$

ΔL = 길이 변화량[mm]

L = 측정물 길이[mm]

α = 측정물 새료의 선팽창 계수 (강 ; 11.5 x 10^{-6} / °C)

Δt = 온도 변화량

4) 후퇴 오차(귀환 오차)

동일 측정량에 대하여 다른 방향으로부터 접근할 경우의 오차로서 그 원인은 마찰력, 히스테리시스(hysteresis), 흔들림, 나사 및 기어의 백래시(back lash)등이 원인이 된다.

기기 오차의 한 종류이나 후퇴오차로 구별하여 지칭하며 구조적으로 스프링을 사용하는 다이얼 게이지(dial gauge) 종류에서 주로 발생한다. 히스테리시스 오차라고도 한다.

* Hysteresis : 잔상(殘像), 전력(前歷), 누적(累積)

5) 접촉 오차

공작물과 측정기의 측정자 형상의 불일치에서 오는 오차로서, 측정 면의 접촉전(touch point)은 면 접촉, 선 접촉, 점 접촉의 3종류가 발생할 수 있다.

따라서 그림에 나타낸 것처럼 내경 측정은 구면, 외경 측정은 평면 접촉이 좋으며, 측정값을 취할 때에도 내경은 최대값을, 내측 홈은 최소값을, 외경 또는 외측은 최소값을, 외경의 점 접촉 측정일 경우에는 최대값을 취한다.

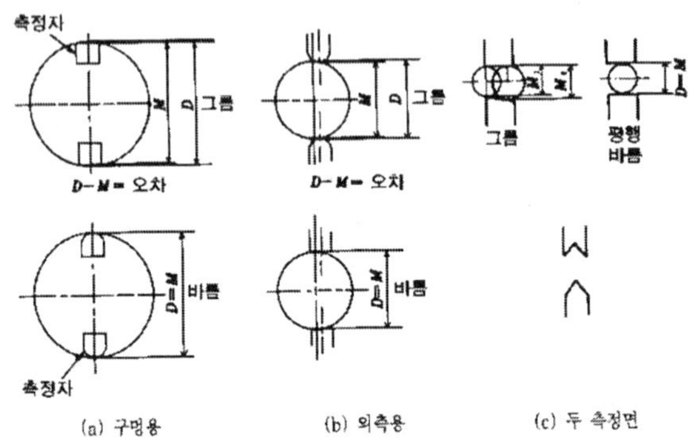

그림 10.5 측정자의 접촉오차

6) 자중에 의한 처짐

① 에어리 점(airy point) : 게이지 블록 등 단도기(端度器)를 지지할 때 사용되는 고정점으로 처음 평행한 2개의 단면이 굽힙 후에도 평행을 유지하면서 길이 오차도 작게 유지되도록 지지하는 이론적인 고정점을 말하며, 그 거리 값 a = 0.2113 L이다.

② 베셀 점(bessel point) : H형 또는 X형 단면의 표준자처럼 중립면에 눈금이 있는 눈금자에 적용되는 고정점으로 중립축에 미치는 영향이 가장 적게 되도록 지지하는 점이며, 그 거리 값 b = 0.2203 L이다.

③ 기타의 지지점은 표를 참조한다.

[표 10.1] 장축(長軸) 단도기(端度器)의 지지점

구 분	지 지 점	특 징	용 도
0.2113L (에어리점)	S L S	양 끝면의 축선과 수직 및 평행선을 그을 수 있다.	단도기
0.2203L (베셀점)		중립축에 미치는 영향을 가장 적게 지지할 수 있다.	눈금자
0.2232L		전체의 휨이 가장 작고 양끝과 중앙의 휨이 같다.	면의 측정
0.2386L		양 지점 간의 휨이 가장 적다	면의 측정

7) 아베의 원리(Abbe's principle)

"피측정물과 표준자는 측정 방향에 있어서 일직선 위에 배치되어야 한다."는 원리로서 "컴퍼레이터(comparator)의 원리"라고도 하며, 직접측정에서 발생할 수 있으며, 치환 방식인 비교측정에서는 발생하지 않는다.

그림에 나타난 것처럼 표준형 마이크로미터(a)는 일직선상에 측정선이 유지되지만, 캘리퍼스(calipers)형 마이크로미터(b)는 처음부터 측정선이 불일치하는, 아베의 원리에 맞지 않는 구조로 측정오차가 많이 발생하는 구조이다.

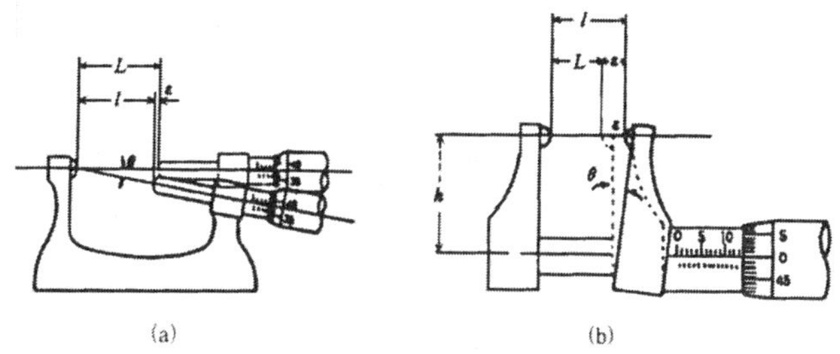

그림 10.6 아베의 원리

10.2 길이 측정

(1) 버니어 캘리퍼스(vernier calipers)

1) 버니어 캘리퍼스의 원리

버니어 캘리퍼스(vernier calipers)는 본척(어미자)의 (n - 1)개의 눈금을 n등분 한 부척과 본척을 조합하여 측정하도록 만든 구조이다. 최소 측정값은 "본척의 1눈금을 부척이 몇 등분 했는가?"를 의미하며, 외측, 내측, 깊이, 단차 등의 측정을 하나의 측정기로 해결하는 장점과 아베의 원리에 맞지 않는 구조이므로 측정오차가 발생할 수 있다.

2) 버니어 캘리퍼스의 종류

① M1형 버니어 캘리퍼스 : 일반형 버니어 갤리퍼스

② M2형 버니어 캘리퍼스 : M1형에 미소 이동장치가 부착되었다.

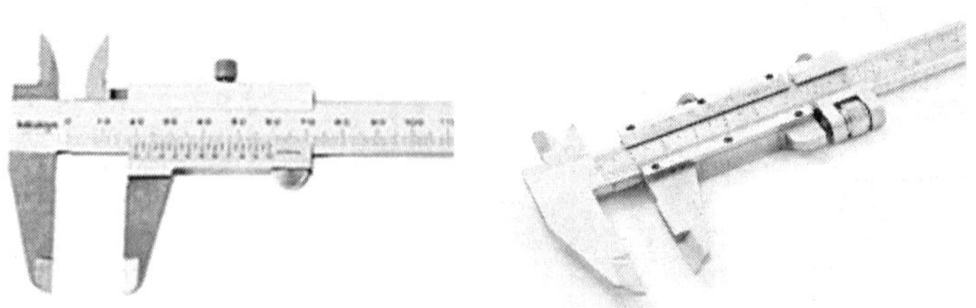

그림 10.7 M형 버니어 캘리퍼스

③ 다이얼 버니어 캘리퍼스

④ 디지매틱 버니어 캘리퍼스

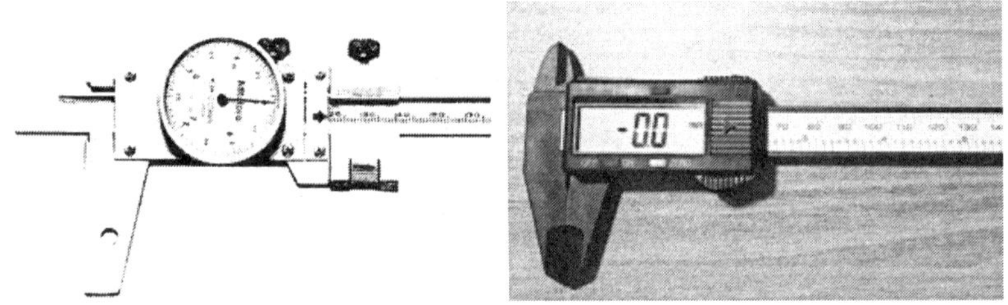

그림 10.8 다이얼 및 디지매틱 버니어 캘리퍼스

3) 버니어 캘리퍼스 측정법

본척의 눈금을 먼저 읽고, 본척과 부척의 눈금이 일치되는 위치의 부척눈금을 가산한다. 부척의 한 눈금(그림의 화살표) 정도는 시차가 발생하기 쉬우므로 주의한다.

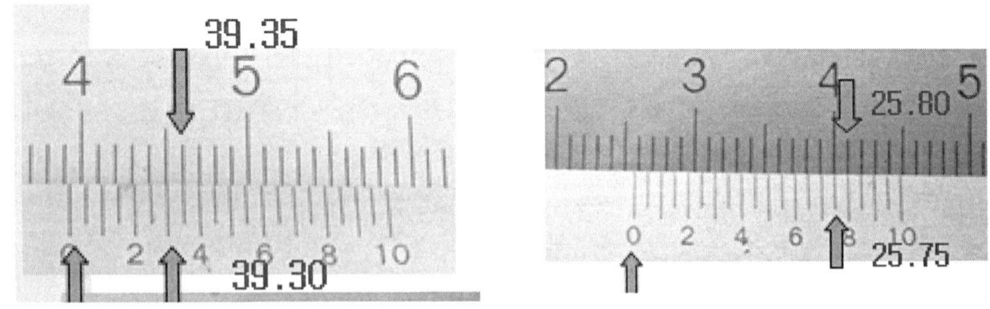

그림 10.9 버니어 캘리퍼스 측정법

(2) 마이크로미터(micrometer)

1) 마이크로미터의 원리

삼각나사를 응용한 측정기로 정밀 나사의 피치(pitch)를 둥근 원주상의 눈금으로 등분하여 측정하도록 하였다. 따라서 최소 측정값은 "나사의 피치 ÷ 딤블(thimble)의 등분수"로 계산한다. 표준 마이크로미터의 경우 나사의 피치는 0.5, 딤블은 50등분 되어 있으므로 최소 측정값은 0.01mm가(0.5/50) 된다. 직접측정으로 가장 정밀하고 많이 사용되는 측정기로 지시범위는 25mm 간격으로 되어 있다.

2) 마이크로미터의 구조

표준 마이크로미터의 구조는 그림에 나타내었으며, 주요 부분은 다음과 같다.

① 앤빌(anvil)과 스핀들(spindle) : 측정 부분이다.

② 딤블(thimble) : 부척의 개념으로 50등분 되어있다.

③ 슬리브(sleeve) : 본척의 개념으로 0.5mm 간격의 직선형 눈금이 매겨져 있다.

④ 라쳇 스톱(ratchet stop) : 측정력을 주는 장치이다.

⑤ 테이퍼 너트(taper nut) : 마모된 암나사를 조여주어 나사의 체결 정밀도를 유지시키는 역할을 한다.

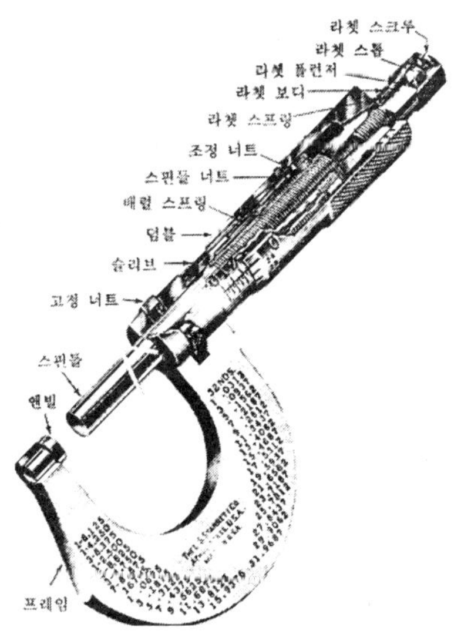

그림 10.10 표준 마이크로미터의 구조

3) 마이크로미터의 종류

마이크로미터의 종류는 사용 용도에 따라 다양한 종류가 있으며, 실용성이 높아 많이 사용되는 종류를 소개하였다.

① 외경(outside) 마이크로미터 : 외경 측정용
② 캘리퍼형 내측(caliper type inside) 마이크로미터 : 내경 측정용
③ 깊이(depth) 마이크로미터 : 깊이 측정용

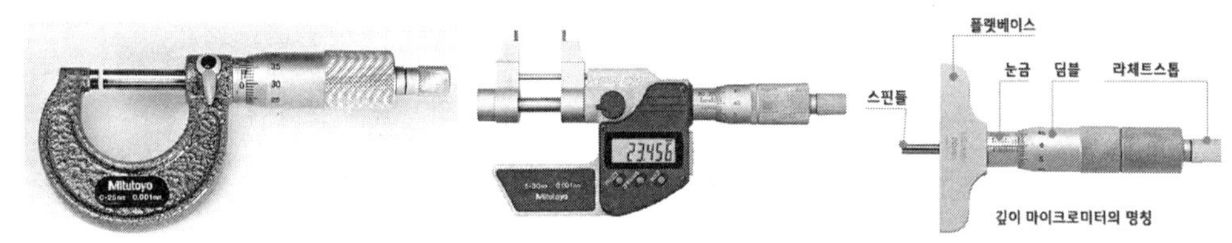

그림 10.11 일반형 마이크로미터

④ 디지매틱(digimatic) 마이크로미터 : 외경 측정 디지털용
⑤ 기어 이두께(disk) 마이크로미터 : 기어의 이두께 측정용
⑥ 리미트(limit) 마이크로미터 : 한계게이지 방식 측정용

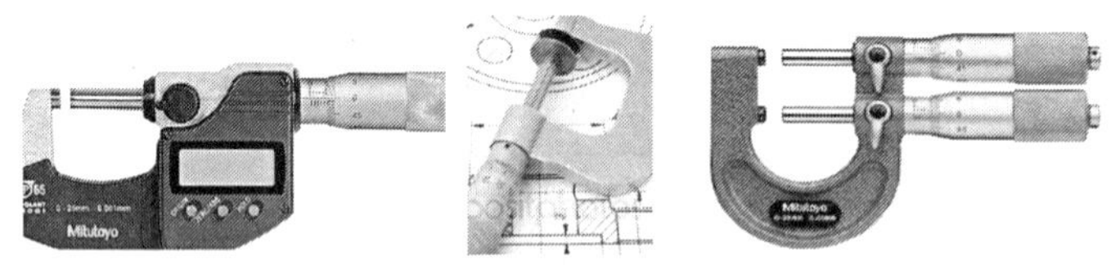

그림 10.12 특수형 마이크로미터(1)

⑦ 포인트(point) 마이크로미터 : 엔빌의 끝이 뾰족한 형태
⑧ 블레이드(blade) 마이크로미터 : 엔빌의 끝이 납작한 형태
⑨ 3점식 내측 마이크로미터 : 안정감 있는 내경 측정을 위해 측정 죠가 3개인 형태

그림 10.13 특수형 마이크로미터(2)

◈ 기타 특수 마이크로미터 : 지시 마이크로미터, 나사 마이크로미터 등이 사용된다.

4) 마이크로미터의 측정법

본척(thimble)의 눈금을 먼저 읽고, 부척(slive)의 눈금을 가산한다. 미크론 단위의 눈금은 추측 등분하여 가산한다.

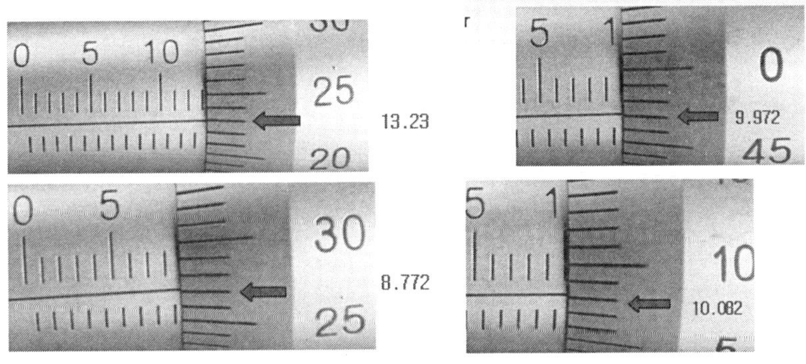

그림 10.14 마이크로미터 측정법

5) 마이크로미터의 관리

그림처럼 스핀들과 앤빌을 청결상태로 밀착시킨 상태에서 딤블(본척)의 기선과 슬리브(부척)의 0점을 확인하며, 3눈금 이내의 오차는 훅 스패너(hook spanner)를 사용하여 슬리브를 회전시키며, 오차가 3눈금 이상 발생하는 경우에는 딤블을 분해하여 다시 조립하는 방법으로 교성하여야 한다. 사용범위 25mm 이상 규격의 마이크로미터는 기준봉(standard or gauge block)으로 0점을 확인한 후 측정하며, 사용 후 스핀들과 앤빌은 밀착시켜 두지 않는다.

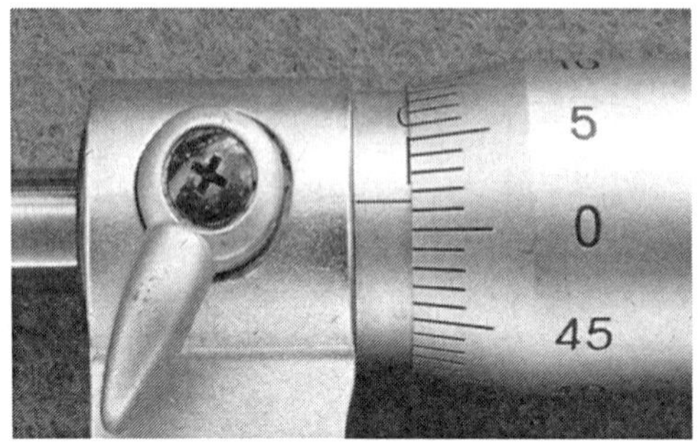

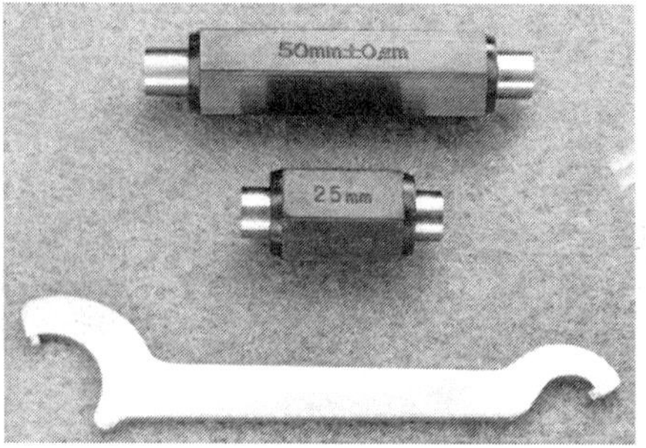

그림 10.15 마이크로미터의 0점 조정

(3) 하이트 게이지(height gauge)

1) 하이트 게이지의 원리

하이트 게이지(height gauge)의 스케일(scale)의 구조는 버니어 캘리퍼스와 동일하며, 높이 측정과 금긋기 작업을 위해 수직형으로 세워놓은 형태이다. 따라서, 눈금을 읽는 방법은 버니어 캘리퍼스와 동일하며, 측정과 금긋기를 위한 평활한 평면이 필요하므로 보통은 석재 정반 등 정밀 정반(precision surface plate) 위에서 사용한다.

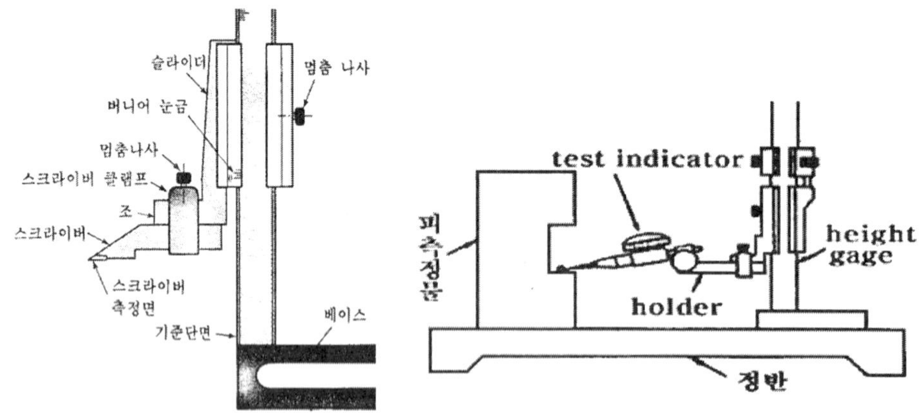

그림 10.16 하이트 게이지의 구조와 사용

금긋기 작업을 위한 스크라이버(scriber)는 끝이 날카로우므로 사용 및 관리에 주의가 필요하며, 바닥면의 마모 정도에 따라 기기 오차가 많이 발생할 수 있으나 본척을 움직여 오차 보정이 가능한 것도 있다. 그림과 같이 미소 이동장치가 있으므로 대표적 비교측정기인 다이얼 게이지(dial gauge)를 연결 사용하면 편리하게 비교측정을 할 수 있다.

2) 하이트 게이지의 종류

① 버니어 하이트 게이지(vernier height gauge)
② 디지매틱 하이트 게이지(digimatic height gauge)
③ 다이얼 하이트 게이지(dial height gauge)

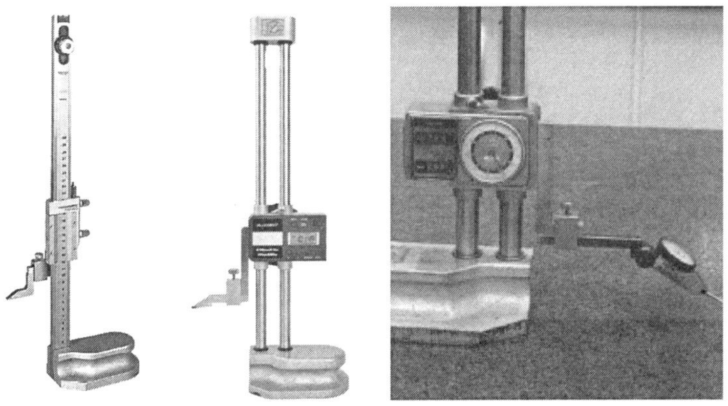

그림 10.17 하이트 게이지의 종류

(4) 다이얼 게이지(dial gauge)

1) 다이얼 게이지의 원리

다이얼 게이지(dial gauge)는 스핀들의 직선운동을 회전운동(Rack & Pinion을 이용)으로 바꾸어 다이얼에 지침으로 표시되게 하였으며, 그림과 같이 스핀들 끝의 측정자 구조상 섬 측정 방식이며, 후퇴 오차가 많이 발생하는 구조이다.

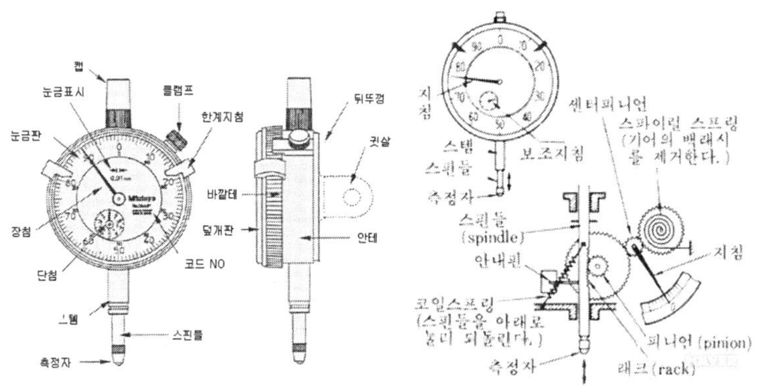

그림 10.18 다이얼 게이지의 구조

비교측정을 대표하는 측정기로서 평면도, 평행도, 진직도, 진원도, 흔들림, 기계의 정밀도 검사 등 활용 범위가 넓으며, "다이얼게이지 + 스탠드 + 게이지 블록 + 정반"이 비교측정 센트가 된다. 공작기계 등의 정밀도 검사에는 "다이얼게이지 + 스탠드"만으로도 검사. 측정이 가능하다.

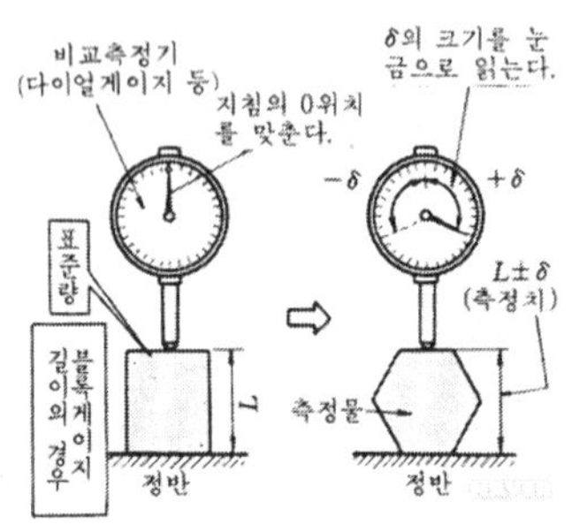

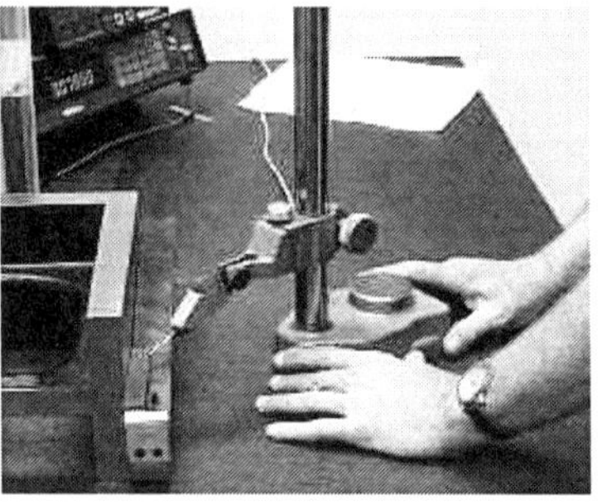

그림 10.19 다이얼 게이지 측정

2) 다이얼 게이지의 특징

① 소형 경량으로 취급이 쉽다.

② 연속된 변위량을 측정하므로 측정 범위가 넓다.

③ 측정오차 중 시차(읽음 오차)가 적다.

④ 다원측정(다면측정, 다점측정) 등 검출기로 이용할 수 있다.

⑤ 스탠드 또는 부대품(attachment) 활용에 따라 측정을 광범위하게 할 수 있다.

⑥ 전진 및 후진 방식의 귀환 장치 구조이므로 후퇴오차가 발생할 수 있다.

⑦ 레버식(lever type) 다이얼 게이지(dial test indicator)의 경우, 측정방향을 상. 하(상향. 하향 측정) 모두 사용할 수 있다.

⑧ 비교측정의 경우 기준게이지가 필요하다.

3) 다이얼 게이지의 종류

① 표준 다이얼 게이지 : 지시범위가 보통 10mm 내. 외로 넓다.

② 레버식 다이얼 게이지(dial test indicator) : 지시범위가 보통 1mm 이내이다.

③ 백 플런저형(back plunger) 다이얼 게이지

④ 디지매틱(digimatic) 다이얼 게이지

⑤ 특수 용도용 : 두께용, 깊이용, 내경용, 한계 치수용 등이 있다.

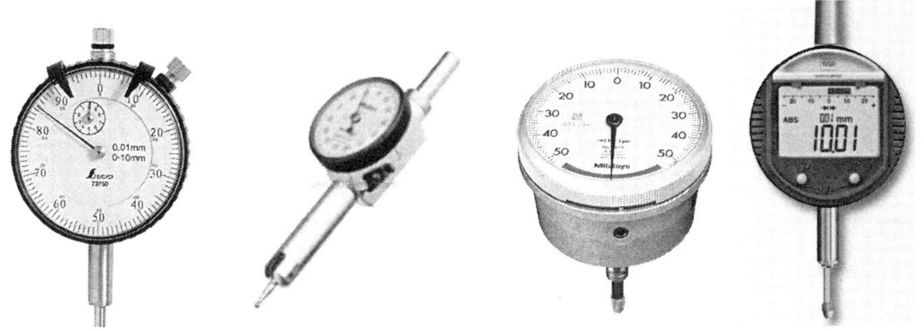

그림 10.20 다이얼 게이지의 종류

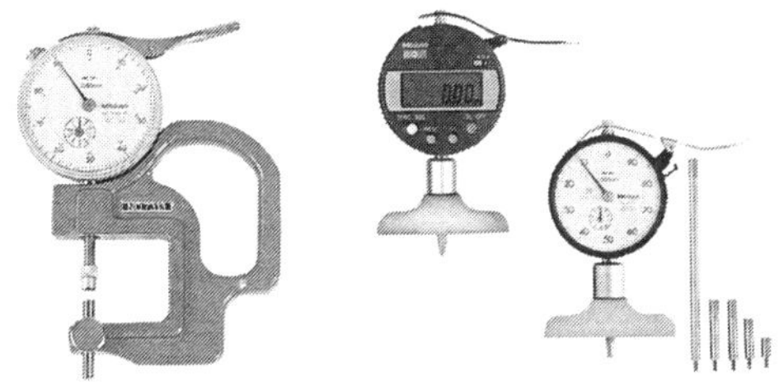

그림 10.21 특수 용도용 다이얼 게이지

그림 10.22 다이얼 게이지 스탠드

(5) 블록 게이지(block gauge)

1) 블록 게이지의 원리

블록 게이지(block gauge)는 비교측정 방식에서 표준게이지(standard gauge)로 사용되는 대표적인 단도기(端度器)로서 공작용, 검사용, 표준용, 참조용으로 구분하며, 참조용의 경우 정밀도가 최대 0.06[㎛]까지 가공된다.

래핑(laping) 가공으로 다듬질 된 면은 표면정밀도 가 매우 높아 링깅(wringing) 방법으로 서로 밀착. 조합하여 사용할 수 있으며, 재질은 강재(고탄소강, 고크롬강), 석재(화강암) 등의 재료가 사용되며, 보호 블록(wear block)의 경우 초경합금 재질로 제작하기도 한다.

그림 10.23 블록 게이지(block gauge)

◈ 보호 블록(wear block) : 그림처럼 고정밀도로 가공된 블록게이지의 내구성 유지를 위해 동일 치수 2개(2mm)의 보호 블록을 만들어 게이지를 보호하거나, 내측 치수를 검사할 때 직접 끼워맞춤 하는 경우에도 사용할 수 있도록 하였다.

2) 블록 게이지의 형상과 조합

블록 게이지(block gauge)는 요한슨형(블록형), 호크형(정육면체), 캐리형(원판형)의 3종류가 있으나 KS규격인 요한슨형이 가장 많이 사용된다.

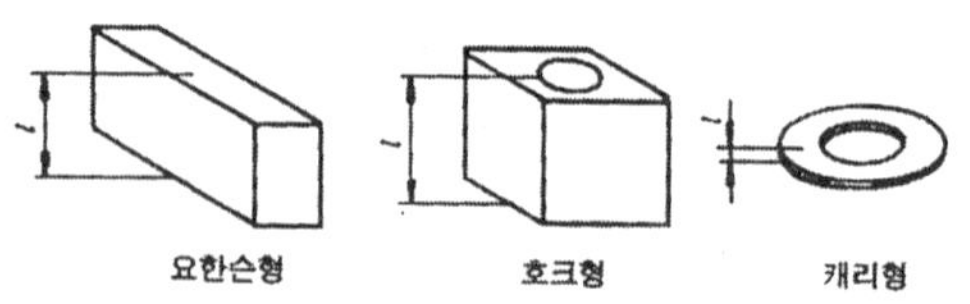

그림 10.24 블록 게이지의 형상

블록게이지의 치수조합은 우선 최소개수로 조합하는 것과 끝자리부터 조합하는 것이 원칙이며, 그림처럼 소수점 아래 첫째 자리 수가 5보다 큰 경우와 작은 경우를 구분하여 조합한다.

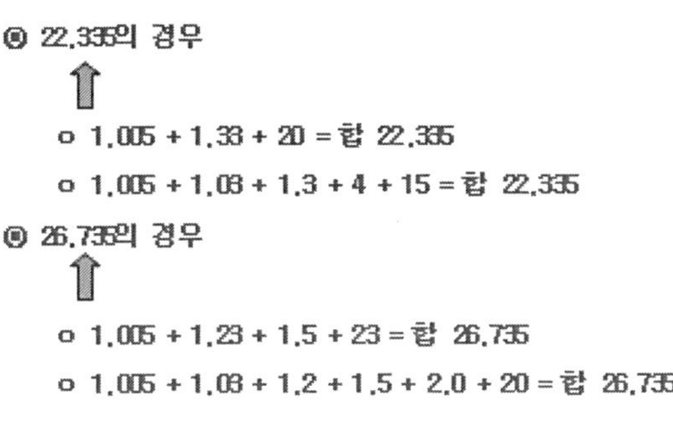

그림 10.25 블록 게이지의 조합

(6) 한계 게이지(limit gauge)

1) 한계 게이지의 원리

한계 게이지(limit gauge)는 통과측과 정지측이 짝(pair)으로 되어 있어 제품의 합격. 불합격을 판정하는 게이지로 치수마다 한 쌍의 게이지가 필요하며, 일반 측정기로는 측정이 불편한 형상 측정 또는 한계치수 측정을 위해 제작된 측정기 이다.

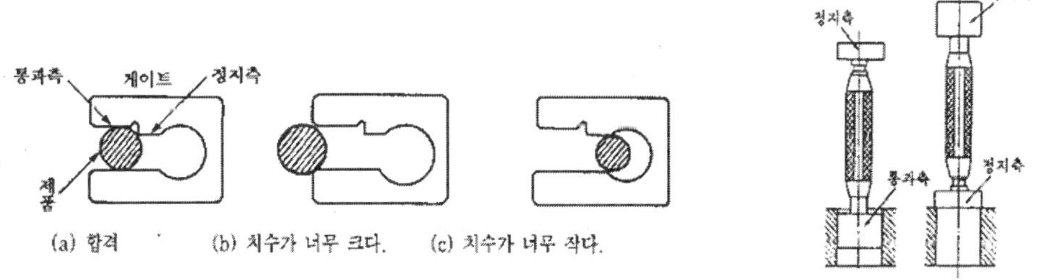

그림 10.26 한계게이지(축용, 구멍용)

2) 한계 게이지의 종류

① 축용(외경용) : 스냅 게이지(snap gauge), 링 게이지(ring gauge)

② 구멍용(내경용) : 프러그 게이지(plug gauge)

③ 특수용 : 테이퍼용, 나사용

④ 기타 표준게이지 형태의 한계 게이시 : 테이피 게이지(taper gauge), 틈새 게이지(thickness gauge), 반지름 게이지(radius gauge), 드릴 게이지(drill gauge), 와이어 게이지(wire gauge), 피치 게이지(pitch gauge), 센터 게이지(center gauge) 등

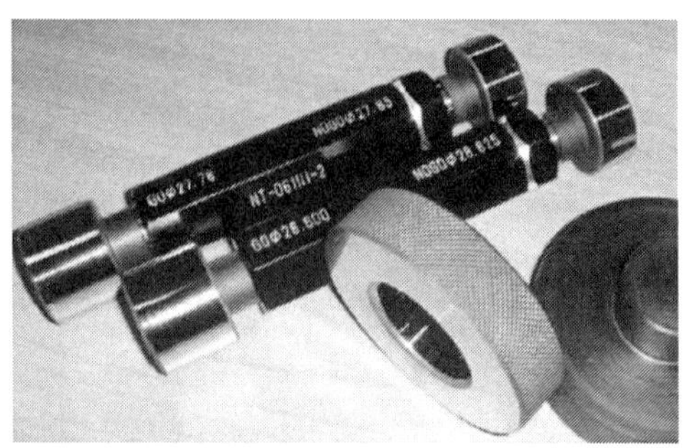

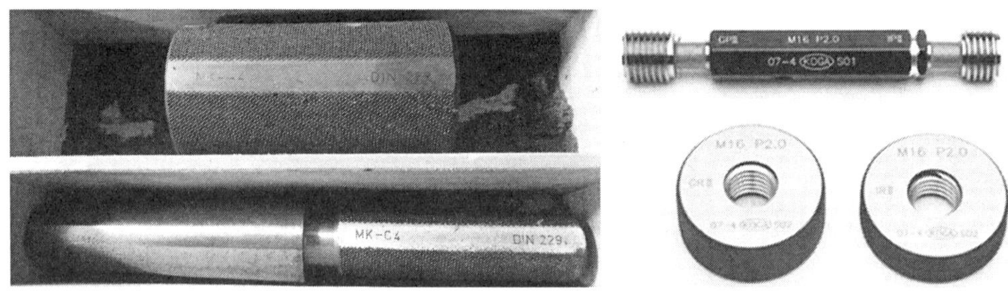

그림 10.27 한계게이지(테이퍼용, 나사용)

(7) 광학 측정기

1) 공구 현미경

소형 정밀부품의 길이, 각도, 윤곽 등의 초정밀 측정기로서 중요 부품은 대물렌즈, 접안렌즈, 마이크로칼라이며, 카메라 연결 촬영이 가능하다.

주요 부속품(accessories)으로는 각도 접안렌즈, 형판 접안렌즈, 광학 접촉자(optical feeler), 나이프 에지(knife edge or straight edge), 수직 측정 장치가 있다.

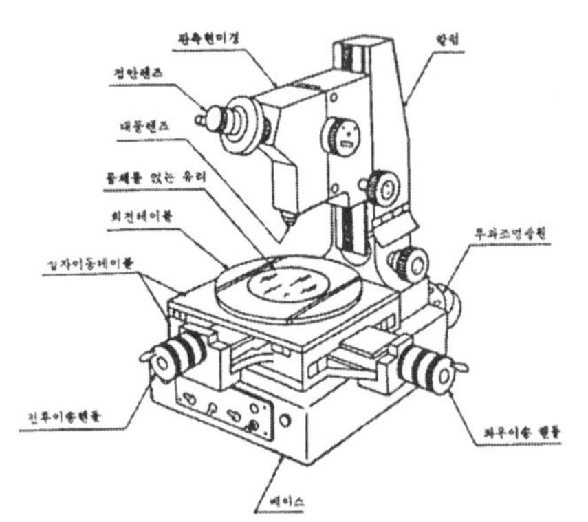

그림 10.28 공구 현미경

2) 투영기(profile projector)

측정물을 광학적으로 확대하여 스크린에 투영(10 ~ 100배)하여 길이, 각도, 윤곽 등을 측정하며 확대 및 복사된 원판을 스크린에 장착 후 비교 측정도 할 수 있다.

마이크로칼라를 이용하여 직접측정도 가능하고 두께가 얇은 박판, 소형 측정물에 적합하며 종류는 상향식, 하향식, 수평식이 있다.

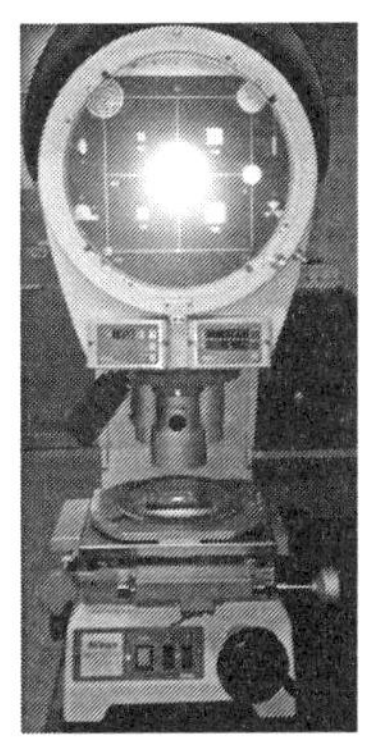

그림 10.29 투영기 측정

3) 옵티컬 플랫(optical flat)

마이크로미터 측정면 또는 블록게이지의 측정면 등 경면 가공된 표면의 평면도를 측정하는 옵티컬 플랫(optical flat)과 평행도를 측정하는 옵티컬 파라렐(optical parallel)이 있으며, 둥근 유리 정반 형태로 되어있는 광학식 측정기 이다.

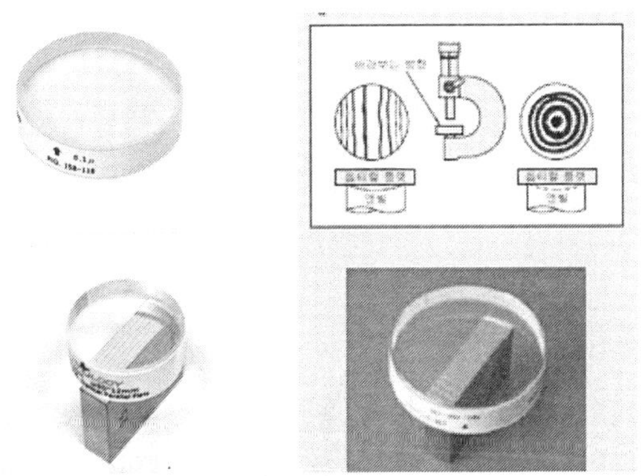

그림 10.30 옵티컬 플랫, 파라렐

(8) 기타 측정기

1) 측장기(length measuring machine)

측장기는 표준자 또는 길이 기준을 내장하고 측미현미경을 통하여 직접 측정하는 방식으로 2 ~ 3m 길이의 큰 공작물에 대한 정밀 측정도 가능하다.

선반처럼 왕복대, 심압대, 베드 등으로 구성되며 부속 장치(attachment)를 사용하면 길이 측정 외에 내. 외경, 암나사의 유효지름 까지도 측정이 가능하다. 마이크로미터와 마이크로 스코프까지 장착된 대형 장비 이다. (micrometer + microscope)

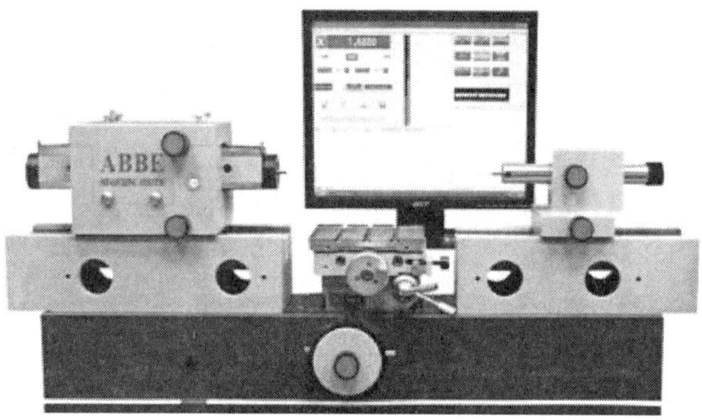

그림 10.31 측장기

2) 공기 마이크로미터(air micrometer)

비교 측정기인 공기 마이크로미터(air micrometer)는 측정 노즐(nozzle)과 측정물 사이의 틈새로 흐르는 공기의 양이나 압력과 틈새의 양을 비교하는 측정방식이다.

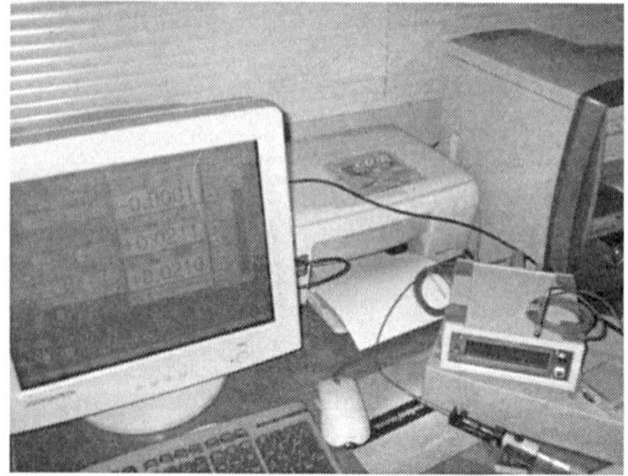

그림 10.32 공기 마이크로미터

표준게이지인 링 게이지(ring gauge)가 있으며 유량식, 배압식, 유속식의 3가지 형식으로 다음과 같은 특징이 있다.

① 1,000배에서 4,000배까지 배율이 높으며, 측정 정도 ±0.5㎛까지 가능하다.
② 측정력이 5 ~ 15gf로 0에 가까워 연질 재료도 측정이 가능하다.
③ 측정물에 부착된 오물을 먼지로 불어내므로 오염에 의한 측정오차가 없다.
④ 타원, 테이퍼, 진원도, 편심, 진직도, 직각도, 평행도 등을 간단히 측정한다.
⑤ 원거리 자동측정에 이용이 가능하다.
⑥ 대부분 전용 측정자를 만들어야 하므로 대량 측정이 아니면, 비용효과가 적다.
⑦ 비교측정 방식이므로 최대. 최소 2개의 허용한계치수용 표준게이지가 필요하다.
⑧ 측정 홀의 표면이 거칠면 실제보다 작게 측정된다. (공기의 흐름을 방해한다.)
⑨ 압축공기가 필요하다.

3) 전기 마이크로미터(electrical micrometer)

비교 측정기인 전기 마이크로미터(electrical micrometer)는 측정물의 기계적인 변위를 전기량으로 변화하여 지시계에 지침의 움직임으로 나타내는 측정기이다. 따라서 다이얼 게이지의 스핀들과 모양이 비슷한 검출기를 접촉하여 측정값을 얻어내며, 측정치의 변위량에 따라 전압이 변화하는 원리이다. 기본적인 측정형식은 다이얼게이지와 유사하며, 감도가 매우 높아서 0.01㎛까지 측정이 가능하므로 측정기 가격이 비싸고 교류 전원에서는 전압 또는 주파수의 변동에 영향을 받는다.

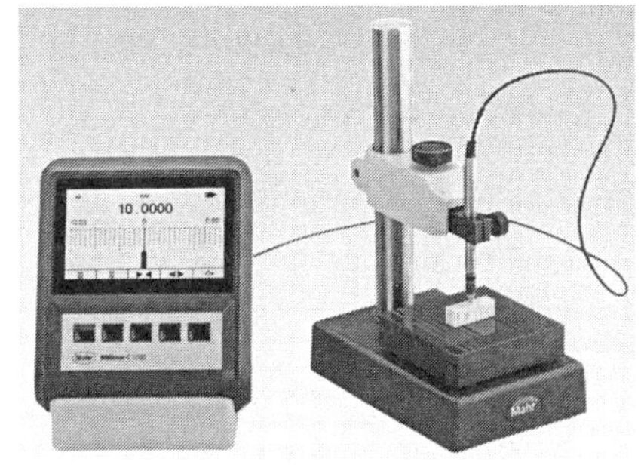

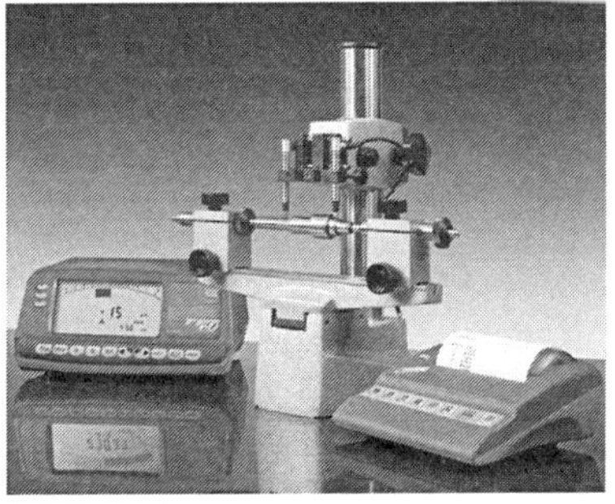

그림 10.33 전기 마이크로미터

10.3 각도 측정

(1) 각도 게이지(angle gauge block)

1) 요한슨(Johanson)식 각도게이지

규격 50 × 19 × 2[mm]인 각도 블록게이지를 1개 또는 2개(holder)를 조합하여 사용하며, 정밀도는 ±12초(조합 했을 때는 ±24초)이다.

85개 또는 49개 세트로 되어 있으며 그림에 조합의 예를 나타내었다.

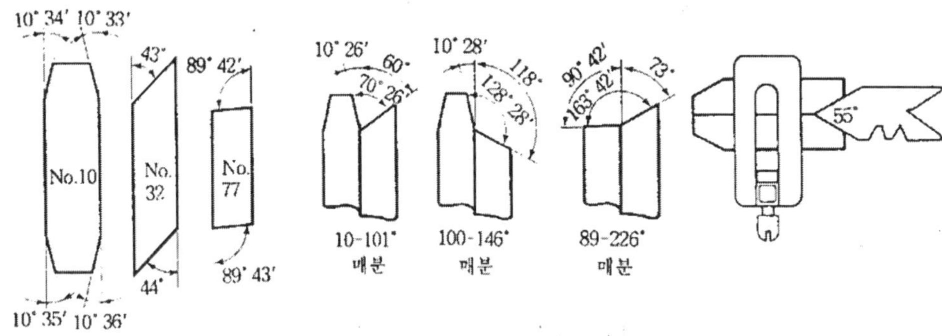

그림 10.34 요한슨식 각도게이지

2) NPL식(national physical laboratory) 각도게이지

규격 90 × 16[mm]의 12개 세트를 블록 게이지처럼 조합하여(wringing) 사용한다. 정밀도는 조합 후 ± 2 ~ 3[초]로 매우 높다.

그림처럼 각도를 가산. 감산하여 각도를 조합하고 측정에 활용한다.

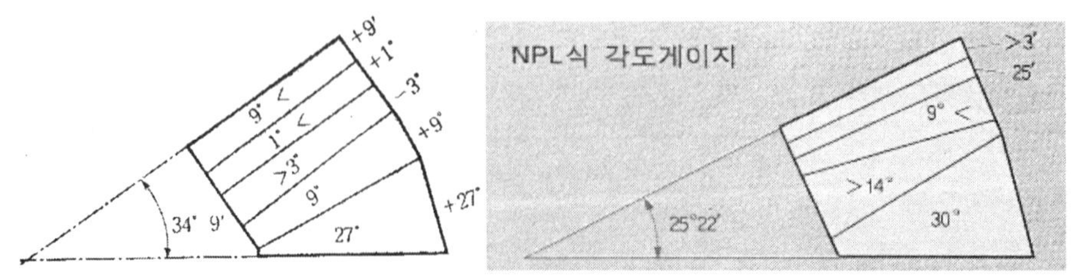

그림 10.35 NPL식 각도게이지

(2) 만능 각도기(bevel protractor)

1) 원리

버니어 캘리퍼스의 본척. 부척의 개념을 응용한 각도측정기로서 바깥쪽 원판에 본척 눈금을, 내측 회전판(turret)에 부척눈금을 설치하여 5분 단위까지 측정할 수 있도록 하였다.

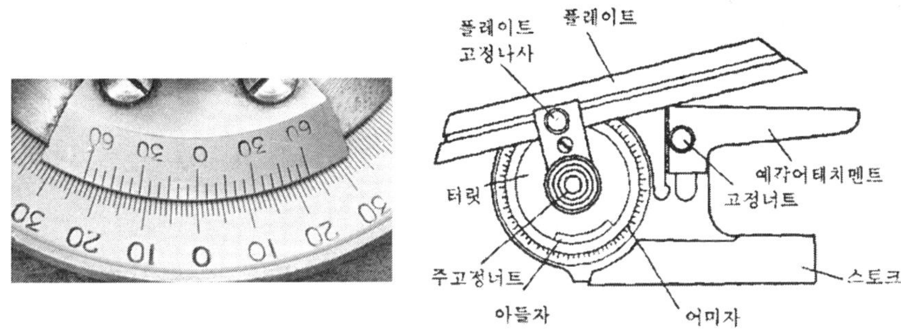

그림 10.36 만능 각도기 원리

2) 만능 각도기 측정법

본척의 0점을 기준으로 ± 방향으로 측정할 수 있으므로, 3가지 각도 값을 읽을 수 있으며, 시차가 많이 발생하는 측정기이므로 측정에 유의한다.

① + 90도 방향 : 9도 15분 / 11도 35분 (+180도 방향 동일)

② - 90도 방향 : 80도 45분 / 78도 25분

③ - 180도 방향 : 170도 45분 / 168도 25분

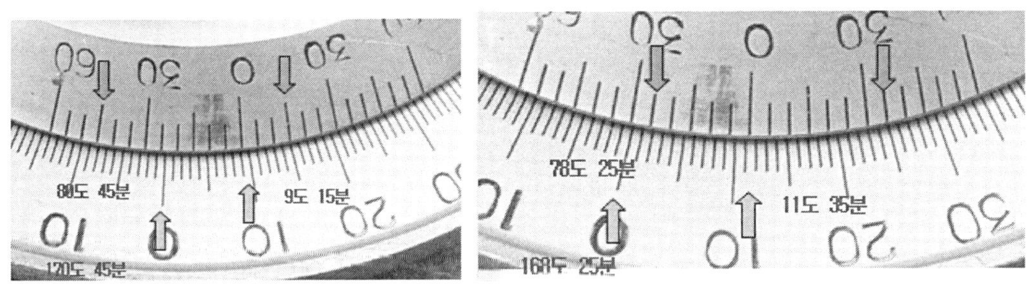

그림 10.36 만능 각도기 측정

(3) 정밀 수준기(precision level)

기계 장치의 조립 및 설치에 사용되며, 눈금 간격은 2 또는 2.5[mm]로 한다. "기포를 한 눈금 변위 시키는데 필요한 경사각"이 수준기의 감도가 되며 1종 수준기의 감도는 약 4초이다.

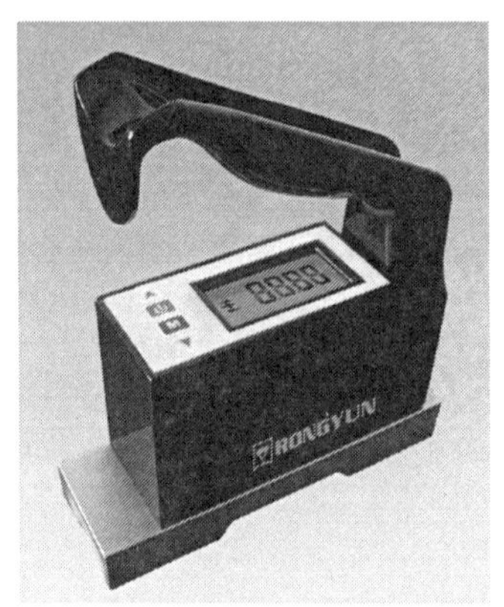

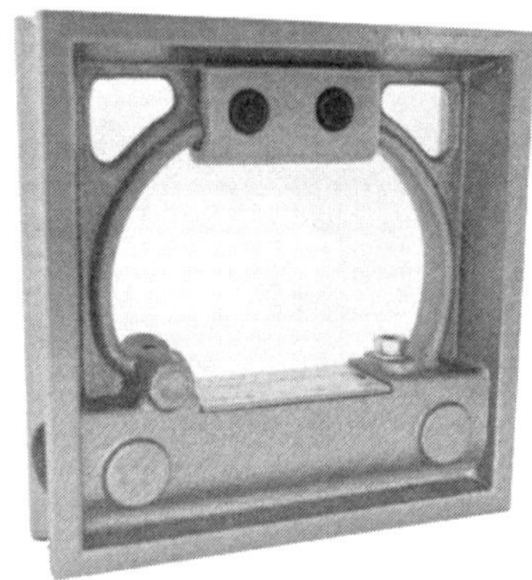

그림 10.37 정밀 수준기

(4) 사인바(sine bar)

직각 삼각형의 두 변의 길이와 한 개의 각도를 취하는 방식을 응용하여 각도를 간접측정으로 산출하는 방식이며, 사인바의 규격은 두 롤러(roller)의 중심거리로 나타내며, 정밀 측정에는 150mm ~ 200mm의 것이 사용된다. 그림처럼 각도를 계산할 때 sine 함수를 사용하게 되므로, 사인바(sine bar)라고 한다.

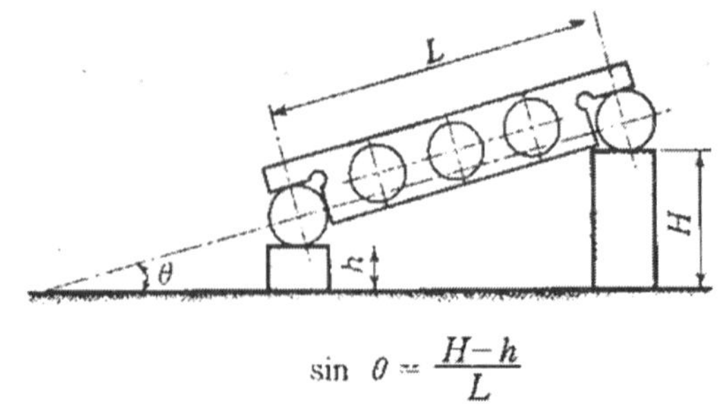

$$\sin\,\theta = \frac{H-h}{L}$$

그림 10.38 Sine bar의 원리

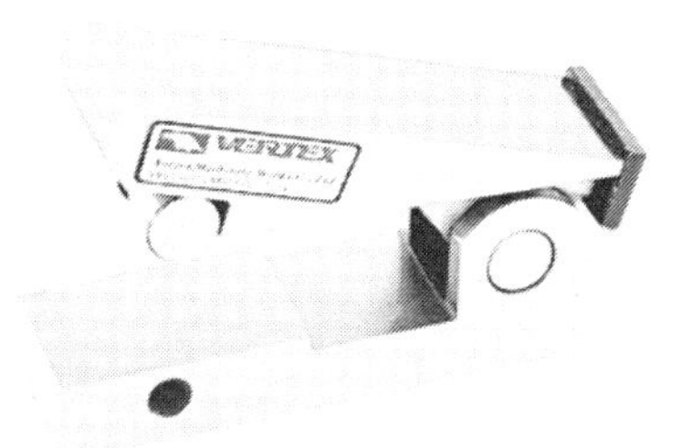

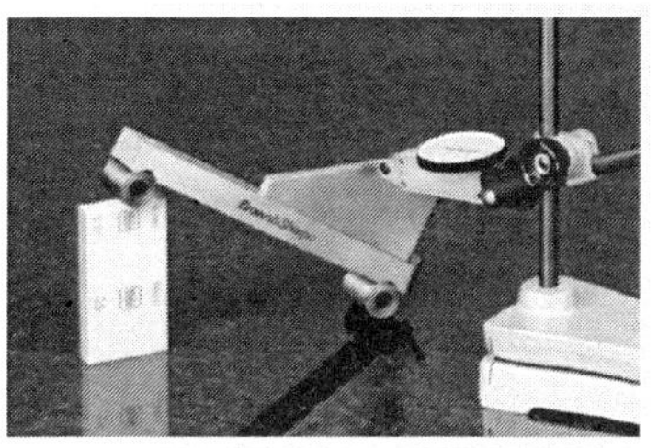

그림 10.38 Sine bar 측정

측정에는 정밀정반(precision surface plate)이 필요하며, 측정각도가 45°를 넘으면 오차를 내기 쉽고 측정물의 미끄러짐을 방지하기 위한 스토퍼(stopper)가 있어야 한다. 다이얼 게이지(dial gauge)가 움직이면서 측정하게 되므로 밀착(wringing)이 발생하지 않는 석재 정반이 편리하며, 그림처럼 사인바 세트(sine bar set)를 이동시키는 구조도 있다.

(5) 오토콜리메이터(autocollimator)

미소 각도를 측정하는 광학적 망원경으로 평면경, 프리즘(prism) 등으로 반사경(mirror, reflector)에 반사되어 되돌아오는 미세 각도를 측정하는 광학적 각도 측정기이다.

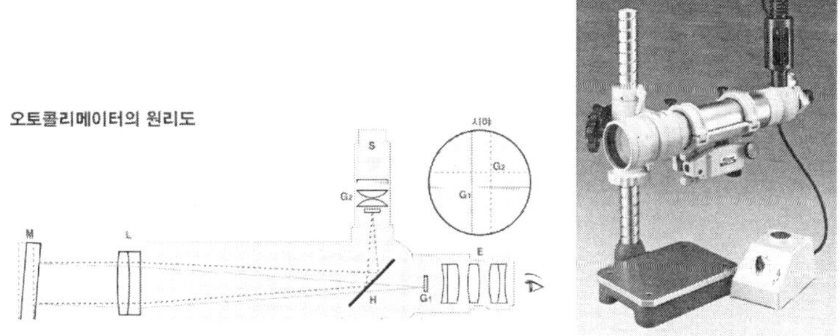

그림 10.39 Autocollimator

즉, 그림처럼 반사경과 망원경의 상대 위치가 기울기로 변하면서 상의 위치가 이동되는 것을 측정하는 것이며, 그 용도는 다음과 같다.

① 정밀정반의 평면도 측정

② 마이크로미터 측정면의 직각도, 평행도 측정

③ 공작기계 베드 면의 진직도, 직각도 측정

④ 기타 미소 각도 차, 변화, 흔들림 등의 측정

10.4 형상 측정

(1) 진원도 측정

진원도 측정에는 다음의 3가지 방법이 있다.

① 직경법 : 일반 길이 측정기에 의한 2점 측정방식으로 여러번 측정하여 그 편차로 판정하는 방식이다.

② 반경법 : 양센터로 지지하고 다이얼 게이지로서 촉침 방식으로 측정하는 것으로 이론적으로 가장 좋은 방법이며, 전용 측정기인 진원도 측정기도 반경법을 기준으로 측정하는 방식이다.

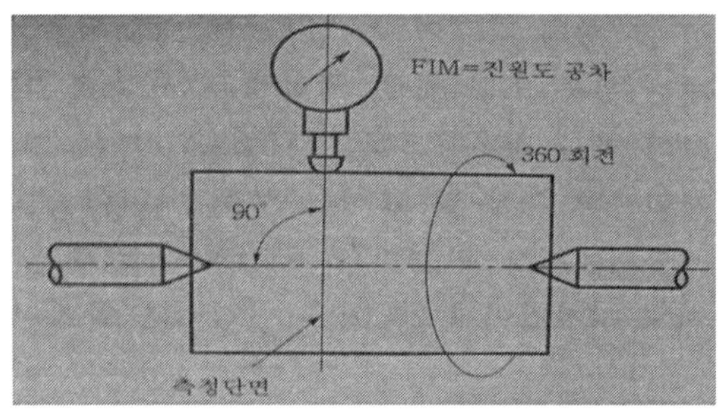

그림 10.40 진원도 – 반경법

③ 3점법 : 3군데 지점을 측정하는 방식으로 V - block 위에 측정물을 놓고 다이얼 게이지로 측정하는 방식이다. 접촉점이 3군데이며, 곡률 게이지 또는 3각 게이지 방식도 있다.

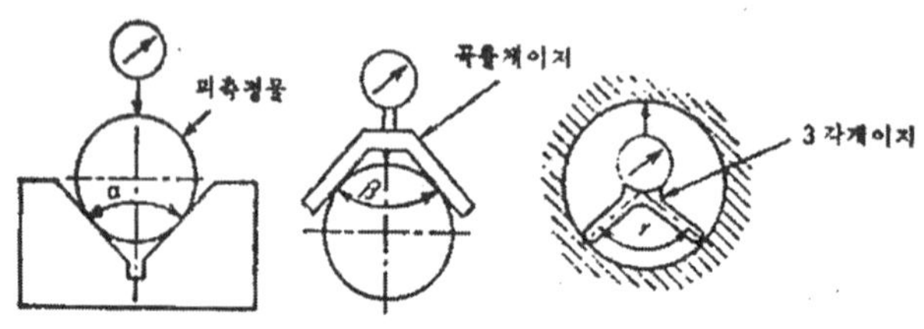

그림 10.41 진원도 - 삼점법

(2) 평면도 측정

평면도 측정에는 다음의 방법이 사용되고 있다.

① 옵티컬 플랫(optical flat)에 의한 측정
② 스트레이트 에지(straight edge)에 의한 측정
③ 다이얼 게이지(dial gauge)에 의한 측정
④ 전기마이크로미터에 의한 비교 측정
⑤ 삼차원 측정기에 의한 측정
⑥ 기타 광학적 측정기에 의한 측정

(3) 나사 유효경 측정

나사의 가장 중요한 요소인 유효경을 측정하는 방법은 삼침법과 나사마이크로미터에 의한 방법으로 구분할 수 있다.

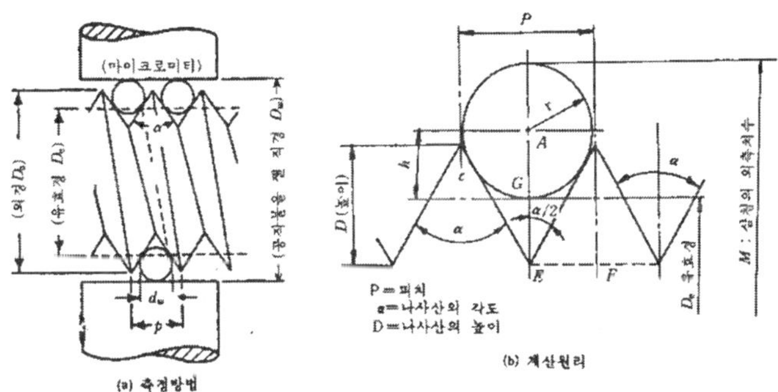

그림 10.42 나사의 유효경 측정(삼침법)

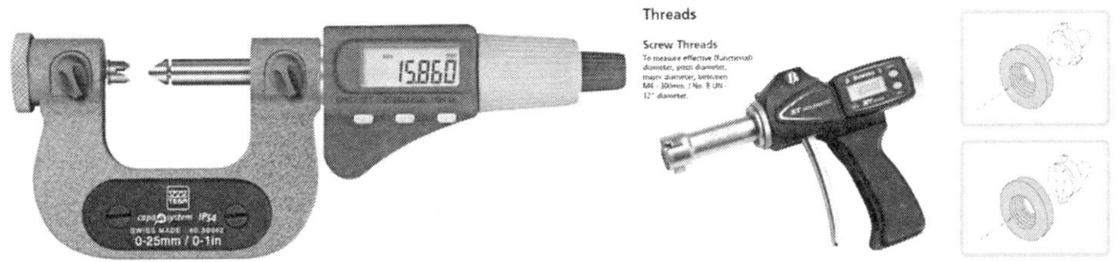

그림 10.43 나사마이크로미터(외측, 내측)

기타 투영기, 공구현미경 등 광학 측정기 또는 3차원 측정기와 같은 만능 측정기로도 측정할 수 있으나 측정 장비의 가격이 고가이다.

나사의 간단한 요소 측정은 피치 게이지(pitch gauge)에 의한 피치 측정, 나사 한계게이지에 의한 합격 여부 판정 등이 있다.

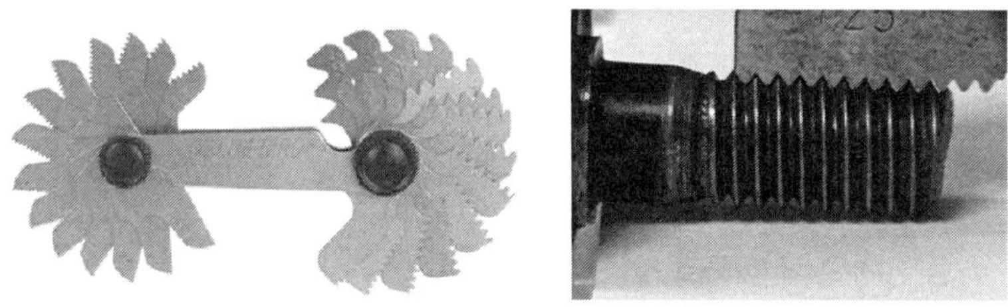

그림 10.43 나사의 피치 측정

(4) 기어 측정

기어에서는 우선 이두께 측정 특히 피치원 상에서의 이두께가 매우 중요한데, 전용 측정 장비 외에는 다음의 3가지 방법이 사용된다.

① 활줄 이두께 측정 : 그림과 같이 이두께 버니어 캘리퍼스를 이용한 측정방법으로 이 끝 높이 즉, 기어의 이끝원을 단면을 기준으로 하기 때문에 정밀도는 높지 않다.

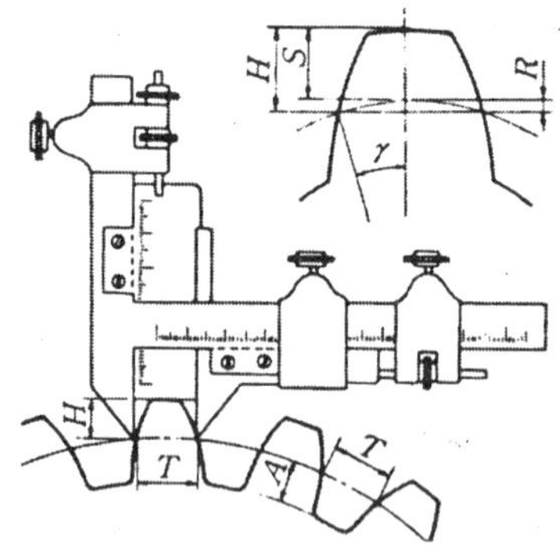

그림 10.44 활줄 이두께 측정법

② 걸치기 이두께 측정

기어 이두께 마이크로미터(disk micrometer)에 의한 측정 방법으로 몇 개의 이를 물려서 측정하는 간접측정 방식이다. 보통 2개의 이를 물려서 측정하게 된다. 헬리컬 기어의 잇폭이 작을 경우 또는 잇면에 크라우닝(crowning) 가공을 했을 경우에는 부적합하다.

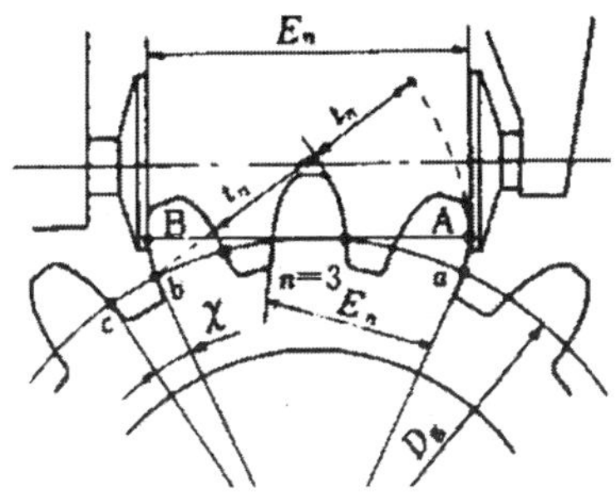

그림 10.45 걸치기 이두께 측정법

③ 오버 핀(over pin) 측정법

서로 마주 보는 2개의 기어 홈에 동일 직경의 측정핀 또는 롤러(roller)를 넣고 측정한 후 계산에 의해 유효경을 얻어내는 간접측정 방식이다. 기어의 잇수가 짝수의 경우와 홀수의 경우가 있어 서로 계산방법이 다르다.

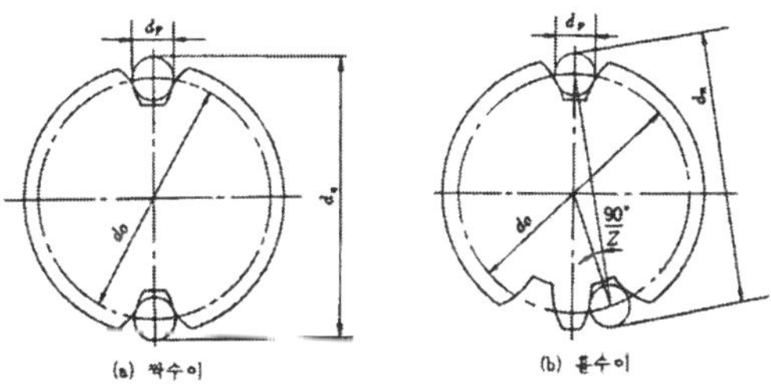

그림 10.46 Over pin 이두께 측정법

④ 기어의 피치(pitch) 측정법

기어의 피치(pitch)는 통상 이 두께의 2배에 해당하며, 그림과 같이 표준 스퍼어 기어(spur gear)의 경우 기어의 깊이에 따라 피치원(pitch circle) 높이에서 정확하게 피치를 측정할 수 있는 기어피치 측정기가 있다.

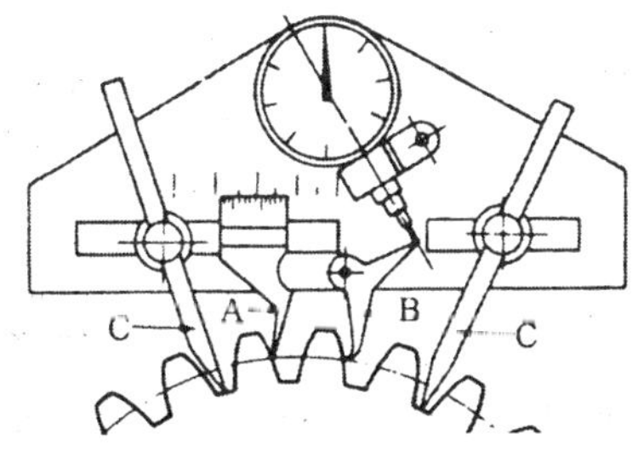

그림 10.47 기어 피치 측정기

10.5 3차원 측정기

(1) 개요

3차원 측정기(CMM ; 3-coordinate measuring machine)는 검출기(prove)가 서로 직각으로 X, Y, Z 축의 3차원 공간으로 움직이면서 각 측정점의 좌표를 검출하고 그 데이터를 컴퓨터를 통해 처리하여 3차원적인 위치, 크기, 방향, 윤곽, 형상 등을 측정하는 만능 측정 장비이다.

따라서 복잡한 공작물의 상대 위치나 형상을 용이하게 측정할 수 있고 비약적인 발전을 이루고 있는 CNC기능까지 추가되어 측정점이 많은 측정물을 자동으로 측정할 수 있다. 또한 측정. 저장된 데이터는 필요한 곳에서 연산하여 적용할 수 있다.

그림 10.48 3차원 측정기와 측정물

(2) 3차원 측정기의 구조

1) 몸체

몸체(body)의 재질과 구조는 3차원 측정기의 성능을 좌우한다. 장치 구조물의 열적. 기계적인 특성이 정밀도에 큰 영향을 미치므로 사용 목적에 따라 적정한 것을 선정하여야 한다. 일반적으로 화강암, 주물, 알루미늄 합금, 세라믹 등이 사용된다.

2) 베어링

3차원 측정기는 베어링의 성능에 따라 직선운동이 영향을 받는다. 일반적으로 공기 베어링이 사용되며 볼 베어링, 실린더 베어링 등 구름 베어링도 사용된다.

3) 이동 길이 측정 장치

3축의 이동량을 측정하는 장치는 대부분 디지털 스케일(digital scale)이 사용되며 초정밀 3차원 측정기에는 레이저 간섭계를 사용한다.

4) 프로브(probe)

프로브는 측정물의 측정위치를 감지하여 3축 공간상의 위치 데이터를 컴퓨터로 전송하는 중요한 기능을 가지고 있다. 프로브는 크게 접촉식과 비접촉식으로 구분된다.

① 접촉식 프로브 : 접촉식은 가장 일반적인 프로브로서 가장 많이 사용되지만 접촉 압력으로 인해 변형과 충돌의 위험이 있다. 기계식, 스위칭(switching) 방식, 전자식이 있다. 연속적인 측정에는 스캐닝 프로브(scanning probe)를 사용하는데 정확도가 높고 측정방향이 자유로워 많은 양의 측정 데이터가 필요할 때 적합하다.

② 비접촉식 프로브 : 비접촉식은 일반적으로 광학적인 방법을 이용하며 얇거나 연질의 측정물, 미세한 구멍의 좌표측정, 금긋기 선의 위치 측정, 각종 단면의 위치 측정 등에 사용한다.

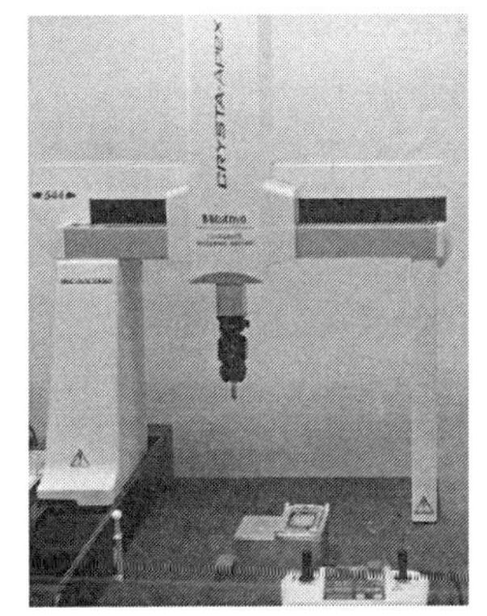
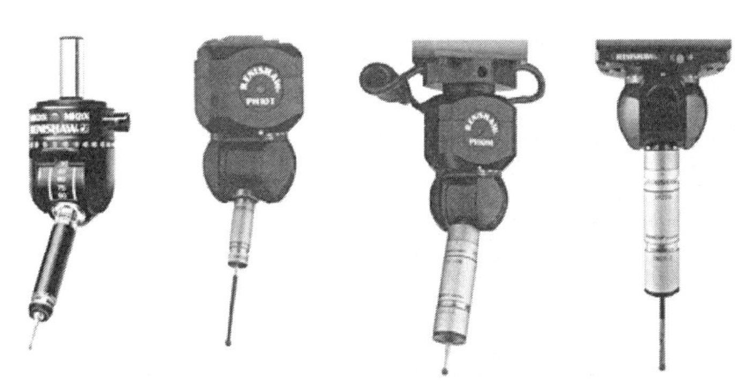

그림 10.49 3차원 측정기 프로브 헤드

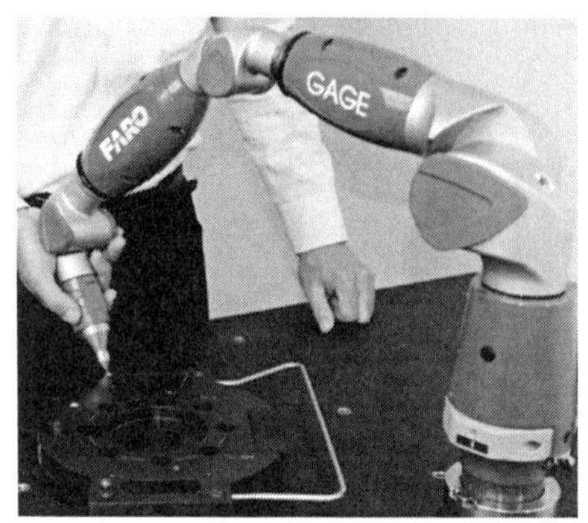

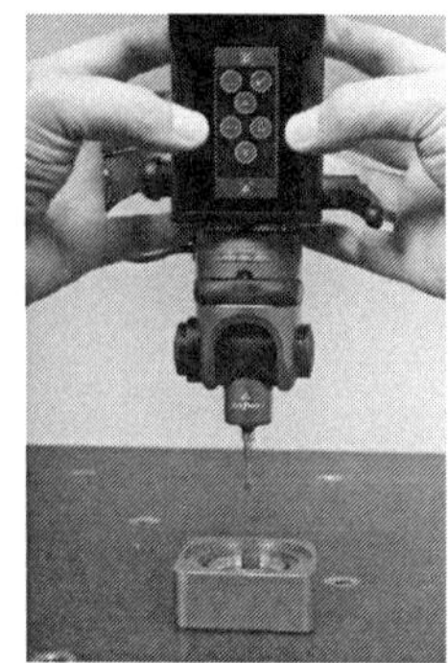

그림 10.50 Prove touch

(3) 데이터 처리 시스템

부착된 컴퓨터인 하드웨어와 소프트웨어를 말하며, 컴퓨터 시스템에는 카운터(counter), 인터페이스(interface) 등 전용 데이터 처리장치가 내장된 전용 컴퓨터시스템과 일반 PC에 카운터와 인터페이스를 부가시킨 범용 컴퓨터시스템으로 나눌 수 있으며, 데이터 처리 프로그램에는 다음과 같은 종류가 있다.

① 치수, 형상 측정 프로그램

② 윤곽형상 프로그램

③ 통계처리 프로그램

④ 검사표 작성 프로그램

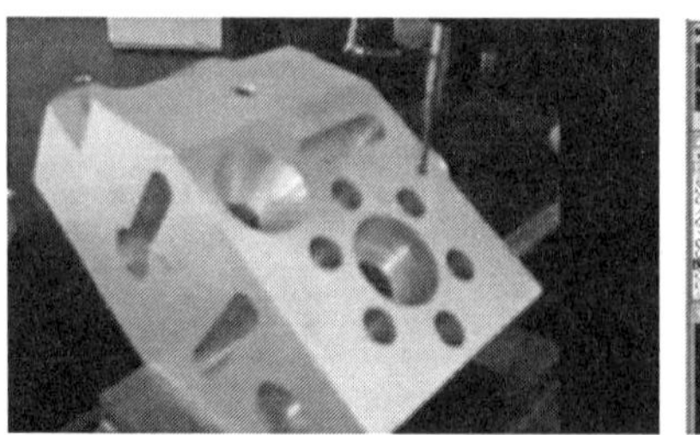

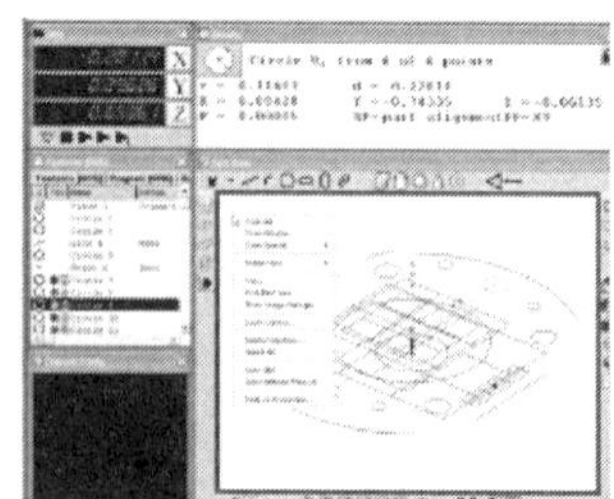

그림 10.51 Data processing

◈ 찾아보기

(기타)

◈ 참고 문헌

1. 정용욱, 정구섭, 로봇공학개론, GS인터비전, 2017.

2. 박영제, 김종형, 로봇기구-설계와 응용, 도서출판 YOUNG, 2010.

3. 이장명, 진태석, 고재평, 김상주, 로봇공학 개론, 진영사, 2003.

4. 유원일,김영호,이상덕,이재황, 기계공작법, 한국산업인력공단, 2009.

5. 이성근, 기계제작법, 한국산업인력공단, 2007.

6. 이종찬 외 9명, 실무중심의 기계공작법, 문운당, 2009.

7. 강기주, 최신 공작기계, 도서출판 북스힐, 2008.

8. 김동열, 김민건, 박정보, 알기쉬운 공작기계, 기전연구사, 2009.

9. 이건준, 알기쉬운 정밀측정학, 기전연구사. 2017.

10. 이종대, 3차원측정 이론과 실제, 성안당, 2013.

11. 이종대, 이징구, 정밀측정실습, 성안당, 2013.

기계공작법

초판인쇄 2017년 9월 23일
초판발행 2017년 9월 28일

지은이 이상우
펴낸이 박노일

총괄기획 김중용 · 최준규
편 집 심성보 · 김인숙

펴낸곳 pnc publishing and culture 피앤씨미디어
경기도 고양시 일산동구 강송로 153 310-1501
등록 제396-2012-000203호
전 화 070)7550-3758 팩 스 02)718-8554
홈페이지 www.pncmedia.co.kr 이메일 pnc@pncmedia.co.kr
ISBN 979-11-5730-443-1 93550

정 가 14,000원